Günter Schell

Korrosionsschutzschichten für Dieselpartikelfilter aus Cordierit zur Erhöhung der thermochemischen Belastbarkeit

Schriftenreihe des Instituts für Keramik im Maschinenbau
IKM 56

Institut für Keramik im Maschinenbau
Karlsruher Institut für Technologie

Korrosionsschutzschichten für Dieselpartikelfilter aus Cordierit zur Erhöhung der thermochemischen Belastbarkeit

von
Günter Schell

Institut für Keramik im Maschinenbau (IKM),
Karlsruher Institut für Technologie

Dissertation, Karlsruher Institut für Technologie
Fakultät für Maschinenbau,
Tag der mündlichen Prüfung: 02.07.2010

Impressum

Karlsruher Institut für Technologie (KIT)
KIT Scientific Publishing
Straße am Forum 2
D-76131 Karlsruhe
www.ksp.kit.edu

KIT – Universität des Landes Baden-Württemberg und nationales
Forschungszentrum in der Helmholtz-Gemeinschaft

KIT Scientific Publishing 2010
Print on Demand

ISSN: 1436-3488
ISBN: 978-3-86644-588-8

Korrosionsschutzschichten für Dieselpartikelfilter aus Cordierit zur Erhöhung der thermochemischen Belastbarkeit

Zur Erlangung des akademischen Grades

eines

Doktors der Ingenieurwissenschaften

von der Fakultät für Maschinenbau des

Karlsruher Institut für Technologie (KIT)

genehmigte

Dissertation

von

Dipl.-Ing. Günter Schell

aus Achern

Tag der mündlichen Prüfung: 02.07.2010

Hauptreferent: Prof. Dr. rer. nat. M. J. Hoffmann

Korreferent: Prof. K. G. Nickel, Ph. D.

Danksagung

Die vorliegende Arbeit entstand während meiner Tätigkeit als wissenschaftlicher Mitarbeiter am Institut für Keramik im Maschinenbau (IKM) des Karlsruher Institut für Technologie (KIT) im Rahmen des vom Bundesministerium für Bildung und Forschung geförderten Projekts CorTRePa (Cordierit für thermomechanisch resistente Partikelfilter).

An dieser Stelle möchte ich mich ganz herzlich bei allen bedanken, die durch ihre Unterstützung zum Gelingen dieser Arbeit beigetragen haben. Zuallererst bei Herrn Prof. Dr. M. J. Hoffmann für die Möglichkeit, diese Arbeit an seinem Institut durchführen zu dürfen, für das mir entgegengebrachte Vertrauen und dem damit verbundenen wissenschaftlichen Freiraum, den ich sehr schätze. Herrn Dr. R. Oberacker danke ich ganz herzlich für die Anregung zu dieser Arbeit sowie die stete Diskussionsbereitschaft, wodurch mir eine große Unterstützung zu Teil wurde, für die ich mich herzlich bedanken möchte.

Ein ganz besonderer Dank geht an Frau Dr. E. C. Bucharsky, die mir mit ihrer wertvollen Hilfe jederzeit beistand, bei meinen zahlreichen Fragen rund um das komplexe Themengebiet der Chemie der bedeutendste Ansprechpartner und Unterstützer war und auch darüber hinaus einen großen Anteil am Gelingen dieser Arbeit trägt.

Ein weiterer Dank gilt den Mitarbeitern des IKM für ihre Unterstützung bei der Überwindung unvermeidlicher Stolpersteine und die nette Zusammenarbeit. Insbesondere danke ich Herrn Creek für die schnelle und unkomplizierte Hilfe in allen technischen Belangen sowie Frau Vogel für ihren unermüdlichen Einsatz bei der Probenpräparation. Vielen Dank auch an „mein" Büro für die freundschaftliche Atmosphäre und die interessanten Diskussionen über kleine und große Fragen. Nicht zuletzt möchte ich mich bei allen Studenten bedanken, die im Rahmen ihres Studiums oder als wissenschaftliche Hilfskräfte an der Arbeit mitgewirkt haben. Hervorheben möchte ich dabei Frau F. Huck und Herrn P. Springer, die sich mit größtem Engagement einbrachten und mir eine große Unterstützung waren.

Ferner danke ich den Projektpartnern von CorTRePa für die gute und angenehme Zusammenarbeit. Dabei gilt besonderer Dank den Mitarbeitern des Hermsdorfer Institut für Technische Keramik e. V. für die Bereitstellung unzähliger Cordieritproben. Dabei möchte ich besonders Frau H. Dohndorf danken, die mich auch bei den kurzfristigsten Liefergesuchen aufs freundlichste und schnellste mit den nötigen Proben versorgte. Auch den Mitarbeitern vom Projektpartner Robert Bosch GmbH möchte ich herzlich für die gute Zusammenarbeit danken. Insbesondere danke ich Herrn Dr. N. Maier für den Proben- und Erfahrungsaustausch sowie für die Unterstützung bei der Auswertung der Korrosionstests.

Des weiteren Danke ich Herrn Dr. V. Halka vom Institut für Physikalische Chemie des KIT für die Durchführung der XPS-Messungen sowie Herrn Dr. W. Menesklou vom Institut für Werkstoffe der Elektrotechnik des KIT für die Unterstützung bei der Bestimmung der Pulverdichte.

Schließlich möchte ich mich ganz herzlich bei meinen Eltern, Marina und Martin bedanken. Ihre ständige Unterstützung, Rückendeckung und ihr Interesse an mir und meiner Arbeit waren und sind ein wichtiger Rückhalt für mich. Ihnen gilt mein besonderer Dank.

Inhaltsverzeichnis

1 Einleitung 1

2 Kenntnisstand 5

   2.1 Schadstoffemissionen aus Dieselmotoren 5

      2.1.1 Entstehung und Zusammensetzung von Partikeln 6

      2.1.2 Auswirkungen auf Mensch und Umwelt 9

   2.2 Dieselrußpartikelfilter 10

      2.2.1 Aufbau und Materialien 11

      2.2.2 Regeneration 12

   2.3 Filtermaterial Cordierit 16

      2.3.1 Schädigungen von Cordieritfiltern durch Aschebestandteile 21

   2.4 Potentielle Schutzschichtmaterialien 26

      2.4.1 Natriumzirkonphosphat 28

   2.5 Grundlagen zur Tauchbeschichtung 34

      2.5.1 Partikelsuspensionen zur Tauchbeschichtung 34

      2.5.2 Grundlagen des Sol-Gel-Prozesses 42

      2.5.3 Schichtbildung 44

   2.6 Zielsetzung der Arbeit 50

3 Experimentelle Vorgehensweise 53

   3.1 Verwendete Ausgangsmaterialien 53

      3.1.1 Cordieritsubstrate 53

3.1.2 Substrate aus potentiellen Schutzschichtmaterialien 55

3.2 Untersuchungen zu durch Modellasche hervorgerufenen
Schädigungen an potentiellen Schutzschichtmaterialien 58

3.3 Untersuchungen zur Verträglichkeit von Beschichtungsmaterial
und Cordierit.. 60

3.4 Entwicklung einer Beschichtungsmethodik zur
Innenporenbeschichtung mikroporöser Cordieritsubstrate 61

3.4.1 Tauchbeschichtung mit Partikelsuspensionen 61

3.4.2 Sol-Gel Tauchbeschichtung 62

3.5 Quantifizierung der Schutzschichtwirksamkeit 63

3.5.1 Aufbringen der Ascheschichten 63

3.5.2 Thermozyklische Auslagerungen.................................. 64

3.5.3 Ermittlung der Festigkeitsdegradation.......................... 65

3.6 Eingesetzte Analyseverfahren 68

3.6.1 Bestimmung der spezifischen Oberfläche 68

3.6.2 Dichtebestimmung 69

3.6.3 Diffraktometrie.. 69

3.6.4 Dilatometrie.. 69

3.6.5 Rasterelektronenmikroskopie und EDS.................. 70

3.6.6 Röntgen-Photoelektronenspektroskopie (XPS).......... 70

3.6.7 Zeta-Potential 70

4 Ergebnisse 73

4.1 Ermittlung der korrosiven Schädigung an potentiellen
Schutzschichtmaterialien.. 73

4.1.1 Synthese potentieller Schutzschichtmaterialien.......... 74

4.1.2 Herstellung von Cordieritsubstraten unterschiedlicher Porosität 79

4.1.3 Thermische Auslagerungen mit Modellasche 80

4.2 Ermittlung der Verträglichkeit zwischen Cordierit und den potentiellen Schutzschichtmaterialien $NaZr_2(PO_4)_3$ und $LaTi_6(PO_4)_9$ 90

4.3 Entwicklung einer Beschichtungsmethodik zur Innenporenbeschichtung mikroporöser Cordieritsubstrate 94

4.3.1 Beschichtung mittels Partikelsuspensionen 95

4.3.2 Beschichtung mittels Sol-Gel-Verfahren 98

4.4 Bewertung der Schutzschicht und ihrer Wirksamkeit 103

4.4.1 Charakterisierung der ausgebildeten Beschichtung 103

4.4.2 Quantifizierung der Schutzschichtwirksamkeit an beschichteten Cordieritplättchen 107

4.4.3 Übertragung der Beschichtungsroute auf Cordierit Wabenkörper 112

5 Diskussion 117

5.1 Auswahl potentieller Schutzschichtmaterialien 117

5.1.1 Herstellung von Schutzschichtmaterialien und vergleichende Charakterisierung der Ascheresistenz 117

5.1.2 Bewertung von Natriumzirkonphosphat und Lanthantitanphosphat als Schutzschichtmaterial 122

5.2 Innenporenbeschichtung von porösem Cordierit 123

5.2.1 Tauchbeschichtung mittels stabilisierter Partikelsuspensionen 124

5.2.2 Sol-Gel-Verfahren zur Innenporenbeschichtung 126

5.3 Quantifizierung der Schutzschichtwirksamkeit 132

6 Zusammenfassung 141

7 Literaturverzeichnis 145

1 Einleitung

Beim Individualverkehr spielen gegenwärtig benzin- und dieselbetriebene Motoren mit Abstand die größte Rolle. Auch mittelfristig wird das Konzept des Verbrennungsmotors unter Ausnutzung fossiler Brennstoffe kaum an Bedeutung verlieren. Während früher eine Abgrenzung dahingehend möglich war, dass sich der Individualverkehr (Personenverkehr) eher auf Ottomotoren stützt und das Transportwesen nahezu ausschließlich auf dieselbetriebene Motoren setzt, vollzog sich in den letzten Jahren ein Wandel. Aufgrund seines hohen Wirkungsgrades und seines durch neue Einspritztechnologien gewachsenen Fahrkomforts gewann der Dieselmotor zunehmend an Bedeutung. Die gestiegene Akzeptanz lässt sich zusammenfassend auf den geringeren spezifischen Kraftstoffbedarf bei gleichzeitig gestiegenem Fahrspaß aufgrund verbesserter Laufkultur und hoher Durchzugskraft zurückführen. Dementsprechend stieg der Anteil von dieselbetriebenen PKW am gesamten Fahrzeugbestand seit Beginn der 90er Jahre auf mittlerweile ca. 25 %. Damit belegt Deutschland noch keinen Spitzenplatz in der europäischen Union, denn beispielsweise in Belgien oder Österreich liegt die Quote noch höher. Dennoch geht die Tendenz klar zu höheren Marktanteilen, was sich im steigenden Anteil an Neuzulassungen zeigt. So stiegen die Neuzulassungen von Anfang der 90er (ca. 15 %) auf etwa 44 % im Jahr 2008 [1-3].

Abgesehen von der derzeitigen Absatzkrise im Automobilsektor wurden die vergangenen Jahre von einem weltweit steigenden Verkehrsaufkommen begleitet. Dies beeinflusst nicht nur die Verkehrsdichte und den Verkehrsfluss, sondern zeigt zunehmend negative Auswirkungen auf die Umwelt wie steigende Lärm- und Abgasemissionen. Die hierdurch hervorgerufenen Gefahren hinsichtlich Gesundheit und Klima rücken zunehmend in das Bewusstsein und sind somit verstärkt Gegenstand gesellschaftlicher und politischer Diskussionen. Höhere Anforderungen bei den Zulassungsbedingungen und fiskalische Maßnahmen zielen auf die Minderung verkehrsbedingter Beeinträchtigungen. Bei den benzinbetriebenen Fahrzeugen führte dies zunächst in den USA, dann auch in Europa zur Einführung des geregelten Dreiwegekatalysators. Dadurch werden die bei der Verbrennung entstehenden schädlichen Gase wie Kohlenmonoxid (CO), Kohlenwasserstoffe (HC) und Stickoxide (NO_x) wesentlich reduziert. Verfahrensbedingt arbeiten Dieselmotoren mit mageren Mischungsverhältnissen, weshalb die Rohemissionen an CO und HC bereits niedriger sind, als bei Ottomotoren mit nachgeschaltetem Dreiwegekatalysator. Zusätzlich lassen sich diese Emissionen unter Verwendung eines Oxidationskatalysators weiter vermindern. Problematisch sind hingegen die NO_x Emissionen, die über den Werten eines Ottomotors mit Dreiwegekatalysator liegen. Ihre Beherrschung stellt eine besondere Herausforderung bei der Entwicklung von Dieselmotoren dar. Durch innermotorische Maßnahmen lassen sich die Stickoxidemissionen zwar minimieren, aber dennoch werden spezielle Abgasnachbehandlungssysteme erforderlich werden, um künftige Abgasvorschriften einhalten zu können [4-7]. Lösungsmöglichkeiten und Strategien zur Abgasnachbehandlung und insbesondere zur Reduktion der NO_x-Emissionen sind in der Literatur aufgeführt [4,8-12]. Zusätzlich zu den genannten Abgasen können Verbrennungsmotoren partikelförmige Schadstoffe emittieren. Diese Rußpartikel stehen im Verdacht, schwere Gesundheitsschädigungen zu bewirken [1,13,14].

Während Ruß nur in geringem Maße auf Abgase klassischer Ottomotoren zurückzuführen ist, sind dieselmotorische Abgase als Hauptursache bekannt [15]. Dementsprechend können die Partikelemissionen bei Ottomotoren meist vernachlässigt werden, während der Partikelausstoß für dieselbetriebene Fahrzeuge zunehmend - insbesondere in den USA und den Länder der Europäischen Union - thematisiert und in der Folge reglementiert wird [12].

Norm	EURO I	EURO II	EURO III	EURO IV	EURO V	EURO VI
Jahr der Einführung	1992	1996	2000	2005	2009	2014
Rußpartikel [mg/km]	180	80 / 100*	50	25	5	5

Tabelle 1-1: Zeitliche Entwicklung der Abgasgrenzwerte für Partikelemissionen bei Dieselmotoren für Pkw bis 3,5 t Gesamtgewicht. *: erhöhter Grenzwert für Dieselmotoren mit Direkteinspritzung [1,16].

In Tabelle 1-1 sind beispielhaft die Abgasgrenzwerte in Europa für Partikel-emissionen von Dieselmotoren dargestellt. Derartige Bestimmungen existieren in ähnlicher Form auch in Ländern wie den USA oder Japan und finden darüber hinaus auch in anderen Teilen der Welt Beachtung, da die aufgestellten Grenz-werte nicht selten von anderen Ländern übernommen werden [4].

Die immer schärferen Grenzwerte erfordern zunehmend den Einsatz von Ab-gasnachbehandlungssystemen zur Partikelabscheidung. Noch verstärkt wird die-se Forderung, wenn der NO_x-Ausstoß bereits durch innermotorische Maßnah-men reduziert wird, was aufgrund des Zielkonfliktes zwischen NO_x und Rußpar-tikelemissionen zu einem höheren Partikelausstoß führt [17]. Daher ist eine gän-gige Strategie, den Motor auf NO_x zu optimieren und der Partikelemission durch den Einsatz von Dieselpartikelfiltern (DPF) zu begegnen [8]. Im Gegensatz zur Filtration der Partikel stellt die Regeneration von Partikelfiltern weiterhin eine technische Herausforderung dar. Beim provozierten Rußabbrand wird das Fil-termaterial thermisch stark belastet und ist zusätzlich Verbrennungsrückständen ausgesetzt, wodurch es zur Reaktion des Filtermaterials mit Aschebestandteilen und eventuell zum lokalen Aufschmelzen des Filters kommen kann, was den Filter unter Umständen nachhaltig schädigt. Aufgrund dieser Umgebungsbedin-gungen werden als Filtermaterialien hauptsächlich keramische Werkstoffe wie Cordierit oder Siliciumcarbid eingesetzt [18,19].

In der vorliegenden Arbeit soll für das Filtermaterial Cordierit $Mg_2Al_4Si_5O_{18}$ eine Beschichtung entwickelt werden, um einer Schädigung bei der Regenerati-on entgegenzutreten. Hierfür muss zunächst ein geeignetes Schutzschichtmateri-al identifiziert und anschließend ein sinnvolles Beschichtungsverfahren erarbei-tet werden. Diese Untersuchungen wurden im Rahmen des vom Bundesministe-rium für Bildung und Forschung geförderten Projektes CorTRePa (Cordierit für thermochemisch resistente Partikelfilter) am Institut für Keramik im Maschi-nenbau des Karlsruher Institut für Technologie durchgeführt.

2 Kenntnisstand

Da sich die vorliegende Arbeit mit der Frage beschäftigt, inwiefern die bei der Filterregeneration durch Partikel aus Ruß und Ölaschen hervorgerufenen Schädigungen durch den Einsatz einer Schutzschicht unterbunden werden können, sollen vorab die Grundzüge der Partikelemission dargestellt werden. Daher wird zunächst auf die Partikelentstehung während der dieselmotorischen Verbrennung sowie deren Zusammensetzung und Auswirkungen eingegangen. Die Auswirkungen betreffen einerseits Mensch und Umwelt, wodurch die Notwendigkeit zur Reduktion des Partikelausstoßes unterstrichen wird. Andererseits beeinflusst die Partikelzusammensetzung die Anforderungen an das Filtermaterial. Insbesondere das Schädigungspotential bei der Filterregeneration ist eine direkte Folge der im Filter abgelagerten Schadstoffe. Daher wird auf bekannte schädigende Reaktionen aus Aschen und Partikelfiltern aus Cordierit gesondert eingegangen.

Ein Großteil der Arbeit befasst sich mit der Auswahl potentieller Schutzschichtmaterialien, wobei sich eine Materialklasse, die Klasse der Natriumzirkonphosphate (NZP), als besonders viel versprechend herausstellte. Grundlagen zu ihrer Synthese, Struktur und ihren Eigenschaften werden daher erläutert. Anschließend werden Beschichtungsmöglichkeiten wie Beschichtungen mittels Partikelsuspensionen und Beschichtungen über Sol-Gel-Verfahren dargestellt.

2.1 Schadstoffemissionen aus Dieselmotoren

Unter Vorraussetzung der vollständigen Verbrennung eines C_xH_y-Kraftstoffes finden sich im Abgas lediglich die für den Menschen nicht gesundheitsschädigenden Komponenten Kohlendioxid (CO_2), Sauerstoff (O_2), Stickstoff (N_2) und Wasserdampf (H_2O) [8,20]. Da CO_2 für den Menschen keine direkte Gefahr darstellt, wird es nicht den Schadstoffen zugeordnet, obwohl es zweifelsohne für umweltschädigende Auswirkungen wie beispielsweise den Treibhauseffekt mitverantwortlich ist [21]. Zusätzlich zu den genannten Abgaskomponenten entstehen bei der realen, unvollständigen Verbrennung aufgrund unvollständiger Oxidation Wasserstoff (H_2), Kohlenmonoxid (CO) sowie teil- oder unverbrannte Kohlenwasserstoffe (HC), Stickoxide (NO_x) und aus weiteren Brennstoffbestandteilen entstehende Schadstoffe sowie Partikel [22]. Die Bildung dieser Abgasbestandteile hängt in erster Linie vom Sauerstoffangebot, den vorherrschenden Temperaturen und Drücken im Brennraum ab. Aufgrund der instationären Vorgänge während der Verbrennung sind diese Faktoren zusätzlich großen örtlichen und zeitlichen Schwankungen unterworfen. Unter den Abgasbestandteilen sind die Stickoxid- und Partikelemissionen am stärksten diskutiert, wobei in dieser Arbeit nur auf die Partikel eingegangen wird. Zur innermotorischen Bildung der Stickoxide sei auf die Literatur verwiesen [20,22-25].

2.1.1 Entstehung und Zusammensetzung von Partikeln

Die bei der Rußpartikelentstehung maßgeblichen chemischen und physikalischen Prozesse sind gegenwärtig noch nicht vollständig verstanden und daher Gegenstand intensiver Forschung [24,25]. Allerdings existieren drei wesentliche Erklärungsansätze zur Russbildung: Der Ionen-Mechanismus, die Radikal-Hypothese und der Mechanismus über die Acetylenpyrolyse, was derzeit die gängigste Hypothese darstellt [26].

Vereinfacht lässt sich die Entstehung dadurch beschreiben, dass zunächst Brennstoffmoleküle chemisch reduziert werden und es anschließend zur Bildung eines ersten Benzolringes kommt. Nach der Ionen-Hypothese verbinden sich Ethin-Moleküle mit im Gemisch vorliegenden H_xC_y-Gruppen und schließen sich dann durch Umlagerungsprozesse zu einem ersten Benzolring zusammen. Nach der Acetylenhypothese hingegen kommt es dann zur Benzolbildung, wenn sich mehrere Ethinmoleküle unter Anlagerung von H· und Abspaltung von H_2 zu einem Ring formieren [20,25-27]. Aus diesem ersten Ring wachsen durch Polymerisation und gleichzeitiger Dehrierung die entstehenden polyzyklischen aromatischen Kohlenwasserstoffe zu größeren Strukturen heran. Dabei steigt der Anteil an Kohlenstoff in der Struktur und es kommt zu Kondensationsreaktionen und schließlich zur Bildung von Rußkernen, die im Entstehungszustand 1 bis 2 nm groß sind [28]. Durch Anlagerung weiterer Rußkerne und unterschiedlichster Substanzen wachsen diese innerhalb weniger Mikrosekunden zu Rußprimärpartikeln von etwa 20 bis 30 nm Durchmesser heran [28,29]. Weitere Agglomerations-, Aggregations- und Adsorptionsvorgänge lassen die Partikel schließlich Durchmesser von typischerweise bis zu einigen wenigen Hundert Nanometern erreichen [30].

Beim realen Verbrennungsprozess in einem Dieselmotor entsteht nicht nur Ruß, sondern es tragen noch weitere Bestandteile zur Partikelbildung bei. Daher setzen sich beispielsweise nach Merker die emittierten Partikel zu 71 % aus reinem Kohlenstoff, zu 24 % aus Kohlenwasserstoffen, zu 3 % aus Schwefelverbindungen und zu 2 % aus sonstigen überwiegend anorganischen Bestandteilen wie Aschen aus Öladditiven, Metallabrieb, Rost, Nitraten und angelagerten Hydraten zusammen [20], wobei die Massenanteile je nach Motorauslegung, Betriebszustand und verwendeten Ölen stark variieren können. So hat Kittelson unter realen Betriebsbedingungen eine repräsentative Partikelzusammensetzung an einem Nutzfahrzeug-Dieselmotor ermittelt, bei der der Anteil an kohlenstoffhaltigen Verbindungen bei 73 % liegt, Schwefelverbindungen inkl. Wasser 14 % der Partikel ausmachen und der Anteil an Asche immerhin 13 % beträgt [15]. Weitgehend übereinstimmende Angaben finden sich in der Literatur zu den Größenangaben der Partikel.

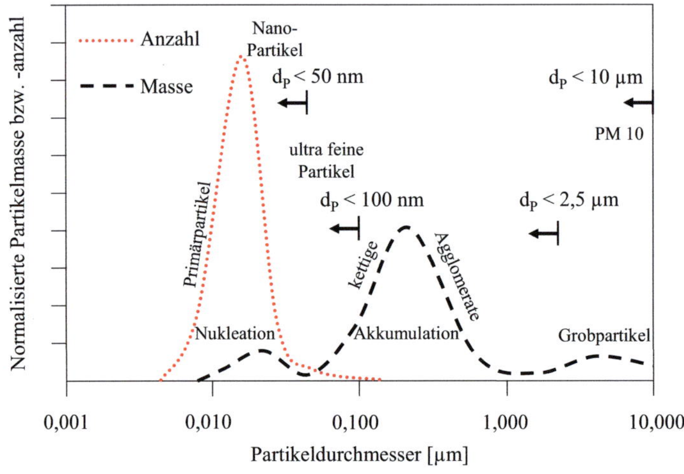

Abbildung 2-1 Schematische Darstellung der Partikelgrößen. Sowohl die massenbasierten, als auch die mengenbasierten normalisierten Anteile sind dargestellt [15].

Die primären Partikel im Nukleations-Modus liegen in einem Durchmesserbereich von ca. 5 bis 50 nm und machen zahlenmäßig mit etwa 90 % die größte Fraktion der emittierten Partikel aus. Nach Gewichtsanteilen ist hingegen der Akkumulations-Bereich mit 60 bis über 90 Masseprozent der Gesamtpartikelemission der bedeutendste Bereich. Der Durchmesser dieser Agglomerate beträgt dabei ca. 100 bis 300 nm. Diese bimodale Verteilung aus Partikeln aus dem Nukleations- und Akkumulations-Modus ist je nach Betriebszustand und Motorenauslegung unterschiedlich, dennoch aber bezüglich der prinzipiellen Größenordnungen ähnlich [20,22,24-27]. Die spezifische Oberfläche der aufgrund der kettigen Agglomeratstruktur lose gepackten Partikel liegt zwischen etwa 100 bis 500 m²/g [25,31].

Speziell die Aschen, die überwiegend aus Verbrennungsrückständen der verwendeten Motoröle stammen, sind in ihrer Zusammensetzung stark unterschiedlich und komplex. Die Motorölhersteller statten die eigentlich organischen Basis-Öle mit unterschiedlichsten Additiven aus, um beispielsweise die Viskosität anzupassen, Schäumen zu verhindern oder den Verschleißschutz zu erhöhen. Dabei werden phosphor- und zinkhaltige Verbindungen als Korrosionsschutz, Elemente wie Bor als Verschleißschutz, Silicium als Entschäumer und Magnesium sowie Calcium als Schmiermittel eingesetzt [32]. Zusätzlich werden in größerer Menge Schwefelverbindungen eingesetzt, die zwar bereits teilweise im Öl vorhanden sind, aber vielfältige Aufgaben wie Verschleiß- und Korrosionsschutz übernehmen und schmierende Eigenschaften besitzen. Meist finden sich in geringem Maße auch Elemente wie Barium, Kupfer, Mangan und Molybdän im Motoröl [32-35]. Dementsprechend finden sich Phosphate, Sulfate und Oxide der entsprechenden Metalle in den Partikeln und deren Rückstände [36].

Ursächlich für anorganische Rückstände in den Partikeln sind, neben den diskutierten Motorölen, deren Additive und schwefelhaltigen Kraftstoffen, auch Abrieb und Korrosionserscheinungen im Motor und Abgasstrang. Auf diese Weise gelangen Metalle und Metalloxide aus Eisen, Chrom, Nickel, Aluminium und Kupfer in das Abgas wo sie einerseits direkt als Partikel oder durch Anlagerung an vorhandene Partikel ausgestoßen werden [37,38]. Auch die an der Verbrennung beteiligte Luft beeinflusst die Zusammensetzung der Partikel. Nicht nur mitgeführter Staub, sondern auch mitgeführte Salze, beispielsweise in Meeresnähe oder beim Einsatz von Streusalz im Winter, begünstigen und beeinflussen die Partikelentstehung und ihre Zusammensetzung [39,40]. Entsprechend groß ist die Anzahl der Elemente in den Verbrennungsrückständen bzw. Partikeln und entsprechend vielfältig sind die Phasen, die in einem Dieselpartikelfilter anzutreffen sind. In der Literatur wird daher von einer Vielzahl unterschiedlicher Verbindungen berichtet. Häufige Vertreter sind Sulfate, wie beispielsweise $CaSO_4$, Orthophosphate, oft mit Ca, Mg und Zn, sowie die entsprechende Metalloxide [34-39].

2.1.2 Auswirkungen auf Mensch und Umwelt

Die eigentliche Motivation für die Forschungsaktivitäten auf dem Gebiet der Abgasnachbehandlung ist in den durch Abgase hervorgerufenen vielfältigen Umwelt- und Gesundheitsgefährdungen begründet. Speziell Partikelemissionen aus Fahrzeugmotoren tragen in erheblichem Maße zur Feinstaubbelastung, insbesondere in Straßennähe, bei [41-43]. Die Auswirkungen von Feinstaub reichen von schlechteren Sichtbedingungen, verändertem Wärmehaushalt in der Atmosphäre, Störung der Photosynthese von Pflanzen bis zum Eindringen von

Partikeln in Atemwege und Lungen von Menschen und Tieren [44,45]. Generelle Zusammenhänge zwischen Feinstaubbelastung und Mortalität, Erkrankungen des Herz-Kreislauf-Systems und der Lunge sind bekannt. So begünstigen oder verursachen die Partikel vermutlich Krankheiten wie Asthma, chronische Bronchitis und sogar bösartige Tumore der Atemwege und der Lunge [46-48]. Zahlreiche Studien betrachten epidemiologische und toxikologische Aspekte zu den Auswirkungen von Dieselabgasen, insbesondere im Hinblick auf lungengängige Partikel mit Durchmessern unterhalb von 5 µm. In neueren Übersichtsartikeln sind diese Erkenntnisse zusammengetragen und werden vor dem Hintergrund der schwierigen Datenbasis und der umfangreichen Einflussfaktoren wie beispielsweise Partikelzusammensetzung und -größe diskutiert [49-52].

2.2 *Dieselrußpartikelfilter*

Die Erkenntnisse zum Gefahrenpotential der von Dieselmotoren emittierten Partikel führen zu verschärften Abgasvorschriften, die zunehmend eine drastische Reduktion der Partikelemission fordern. Allein durch innermotorische Maßnahmen sind künftige Vorschriften nicht einzuhalten. Nur durch den Einsatz von Filtersystemen lässt sich die Partikelfreisetzung im gesamten Spektrum um mehrere Größenordnungen reduzieren, was sie aus heutiger Sicht unerlässlich macht [4-6,28,53]. Den Großteil der Partikelmasse herauszufiltern stellt dabei kaum ein Problem dar. Vielmehr ist die Filtrationseffizienz hinsichtlich der Anzahl an herausgefilterten Partikeln kritisch, da mit kleiner werdendem Durchmesser die Anzahl der Partikel steigt und deren (Gesamt)-Masse abnimmt. Diese Tatsache hat mittlerweile auch in die Gesetzgebung Einzug gefunden, weshalb diskutiert wird, ob für die Euro 6 Norm der Partikelgrenzwert nicht mehr masse-, sondern anzahlbasiert festgelegt wird [4,54].

2.2.1 Aufbau und Materialien

Um eine breite Akzeptanz von Filtersystemen zu erreichen, müssen Partikelfilter neben einer hohen Filtereffizienz ein gewisses Maß an Wartungsfreiheit erfüllen [55,56]. Von besonderer Bedeutung ist daher eine hohe Partikelspeicherkapazität bei gleichzeitig hinreichender Festigkeit und thermochemischer Beständigkeit gegenüber Abgasbestandteilen und erhöhten Temperaturen [5,19,57,58]. Diese Eigenschaften werden am besten von keramischen Werkstoffen erfüllt. Bei den so genannten Wandstromfiltern wird das mit Partikeln versetzte Abgas durch wechselseitig verschlossene Kanäle geführt, wodurch es gezwungen wird, durch die porösen Wände zu strömen, siehe Abbildung 2-2. Die offene Porosität der Wände liegt dabei typischerweise oberhalb 40 % [28,59,60]. In der Herstellung entsprechen solche Filter prinzipiell keramischen Katalysatormonolithen und können aufgrund existierender Produktionsanlagen kostengünstig und in hohen Stückzahlen hergestellt werden [14]. Wesentlich sind dabei die Extrusion der keramischen Massen zu Wabenkörpern und die anschließende Sinterung. Es lassen sich verschiedene Geometrien und Eigenschaften des Filtermaterials erzeugen, wobei Werkstoff, Wandstärke, Zelldichte, mittlere Porengröße und die offene Porosität die Filtration sowie das Gegendruckverhalten maßgeblich beeinflussen. Als Materialien werden derzeit überwiegend Cordierit $Mg_2Al_4Si_5O_{18}$, auf das in dieser Arbeit eingegangen wird, und Siliziumkarbid SiC verwendet [61]. Mullit $Al_6Si_2O_{13}$ und Aluminiumtitanat Al_2TiO_5 spielen eine eher untergeordnete Rolle, auch wenn seit kurzem Filter aus Aluminiumtitanat auf dem Markt sind.

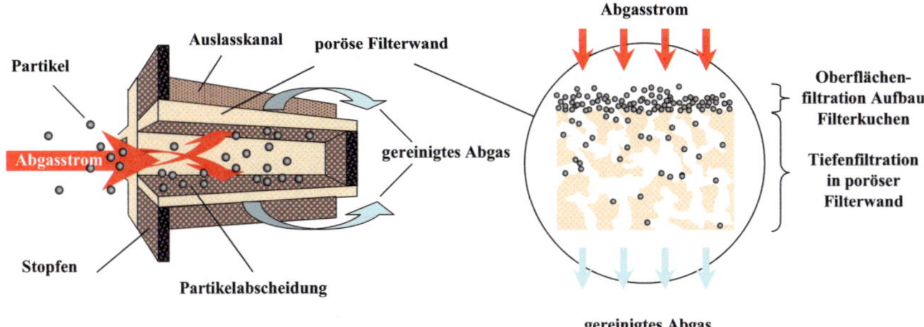

Abbildung 2-2: Strömung von Abgas durch die alternierende Kanalstruktur und Partikelabscheidung.

Zu Beginn des Filtrationsprozesses kommt es zur Tiefenfiltration, bei der die Partikel im Inneren der porösen Wände abgeschieden werden. Die Partikel werden dabei nicht durch einen Siebeffekt, sondern durch Anhaftung am Substrat bzw. an abgelagerten Partikeln aus dem Abgasstrom gefiltert [62]. Ein Siebeffekt kann schon deshalb ausgeschlossen werden, weil die Porengröße des Filtermaterials mit etwa 10 bis 20 µm weit über den Partikelgrößen liegt [28]. Mit zunehmender Belegung der inneren Porenkanäle bildet sich, meist innerhalb weniger Minuten, an der Oberfläche ein Filterkuchen, wodurch der Filtrationsmechanismus hin zur Oberflächenfiltration verschoben wird und sodann der überwiegende Teil aller Partikel dort abgeschieden wird [63,64]. Die Filterwirkung beruht hier hauptsächlich auf Siebeffekten an den kleinen Poren, die durch die angelagerten Partikelagglomerate gebildet werden. Verantwortlich für die Haftung sind auch hier Adhäsion und Van-der-Waals-Kräfte [65,66]. Die erzielbare Filterwirkung ist mit einer Abscheidung von etwa 90 % bezogen auf die Gesamtmasse der Partikel und mit 99 % für Partikel mit 20 bis 500 nm sehr hoch [67].

Alternativ zu den hier beschriebenen Wandstromfiltern existiert eine Vielzahl unterschiedlicher Filterkonzepte, auf die jedoch nur kurz eingegangen wird, da sie weit weniger verbreitet sind. Mit ihren Filtertaschen- bzw. ihrer Zellstruktur sind beispielsweise Sintermetallfilter ähnlich aufgebaut wie die keramischen Monolithfilter. Sie sind zwar relativ schwer, weisen aber eine gute Wärmeleitfähigkeit und je nach Zellstruktur eine hohe Aschespeicherfähigkeit auf. Daneben gibt es Schaum- sowie Faserfilter aus keramischen oder metallischen Werkstoffen, die als Tiefenfilter eingesetzt werden. Diese zeigen allerdings meist niedrige Filterwirkungsgrade bei hohen Gegendrücken und spielen daher eine eher untergeordnete Rolle [68-70].

2.2.2 Regeneration

Da die Partikelbeladung des Filters mit der Betriebsdauer steigt, setzen sich die Poren und Kanäle des Filters langsam zu. In Folge dessen steigt der Abgasgegendruck an und entsprechend wird Motorleistung eingebüßt bzw. mehr Kraftstoff verbraucht [66,71]. Um diesen negativen Effekten entgegen zu wirken, ist eine Regeneration des Filters nötig. Üblicherweise geschieht dies durch einen möglichst kontrollierten Rußabbrand, der durch aktive und passive sowie kontinuierliche und diskontinuierliche Regenerationsverfahren, bzw. eine Kombination daraus, realisiert werden kann [72,73]. Da diese Verfahren meist zusätzliche Energie benötigen, steigt der Kraftstoffbedarf somit ebenfalls, weshalb ein vernünftiger Kompromiss aus Partikelbeladung und Regeneration gefunden werden muss.

Die benötigte Zündtemperatur des Rußes liegt, wenn keine katalytische Unterstützung erfolgt, bei etwa 600 °C, was oberhalb der Abgastemperatur typischer Dieselfahrzeuge ist [74]. So liegen die Abgastemperaturen von Pkws meist unterhalb 300 °C, selbst Schwerlastfahrzeuge erreichen nur etwa 300 °C bis 450 °C [74]. Folglich kommt es im normalen Betrieb zu praktisch keinem Rußabbrand im Filter. Eine Rußzündung kann daher nur erfolgen, wenn entweder eine Anhebung der Abgastemperatur, eine Zuführung von Sekundärenergie zum Filter, oder eine Absenkung der benötigten Rußzündtemperatur erfolgt. Letzteres kann durch eine katalytische Beschichtung des Filters oder durch Additivzugabe zum Kraftstoff, siehe Tabelle 2-1, erreicht werden [5,66,75-77]. Liegt die nötige Zündtemperatur dann unterhalb der Abgastemperatur, so findet ein kontinuierlicher Rußabbrand im Filter statt, weshalb dieser Prozess als kontinuierliche oder passive Regeneration bezeichnet wird. Der Vorteil der Additivzugabe direkt zum Kraftstoff liegt darin, dass sich die katalytischen Stoffe eng mit dem Ruß vermischen und somit effektiv die Oxidation katalysieren können. Ein wesentlicher Nachteil ist allerdings, dass die Additive im Filter verbleiben und somit zu einer zusätzlichen Beladung führen [78].

Additiv	ohne	Cer	Kupfer	Mangan	Eisen	Kalzium
Zündtemp. [°C]	617	476	364	486	402	494

Tabelle 2-1: Zündtemperaturabsenkung durch Additivzugabe zum Kraftstoff bei 10 % O_2 im Abgas [77,79].

Eine weitere Möglichkeit zur passiven Regeneration ergibt sich, wenn genügend NO_2 im Abgas vorhanden ist. Denn NO_2 reagiert mit Kohlenstoff bei deutlich niedrigeren Temperaturen zu gasförmigem CO_2 als der üblicherweise zum Ruß-abbrand eingesetzte Sauerstoff [28,59,66,71]. Eine technische Umsetzung der passiven Regenerationsverfahren wurde in Schwerlastfahrzeugen bereits durch-geführt, findet in Pkws hingegen keine Anwendung [9,33]. Hier liegen die Ab-gastemperaturen einfach zu niedrig, sodass derartige Verfahren als alleinige Re-generationsmethode nicht sinnvoll eingesetzt werden können [66]. Stattdessen kommen hier aktive, diskontinuierliche Verfahren zum Einsatz, die von passiven Verfahren flankierend unterstützt werden können [74]. Bei diesen periodischen Regenerationsverfahren wird die Abgastemperatur soweit angehoben, dass Russzündung und Abbrand brennbarer Komponenten im Filter erfolgen. Übli-cherweise dauert ein solcher Vorgang 10 bis 15 Minuten und erfolgt im Abstand mehrerer Hundert Kilometer Fahrleistung - meist vom Fahrer unbemerkt und ohne sein Zutun [66,72]. Häufig wird diese Regeneration dadurch initiiert, dass nach der eigentlichen Verbrennung Kraftstoff in den Zylinder eingespritzt wird, wodurch die Abgastemperatur wesentlich erhöht werden kann [66,80,81]. Daneben existieren weitere innermotorische Maßnahmen, die zwar den Wir-kungsgrad vorübergehend verschlechtern, aber ohne Zusatzstoffe und ohne zu-sätzliche Bauelemente auskommen. Auch motorferne Brennersysteme sowie elektrische Beheizungen wurden untersucht und teilweise eingesetzt [5,6,71,74,82]. Selbst eine Beheizung mittels Mikrowellen wird in der Literatur vorgeschlagen [83-85].

Beim Erreichen der Zündtemperatur am Filtereinlass wird der exotherme Ruß-abbrand gestartet. Mit steigender Regenerationsdauer nimmt die Temperatur in der Reaktionszone, also der Flammenfront, zu. Hinter der Flammenfront, also motorseitig, nimmt die Temperatur aufgrund des nachströmenden kühleren Mo-torabgases wieder ab, während sie filterabwärts durch die Abwärme aus der Rußoxidation zunimmt. Dementsprechend wird die höchste Temperatur übli-cherweise am Filterauslass erreicht, weshalb dieser Bereich der kritischste ist [86]. Als Folge der thermischen Ausdehnung in der heißen Kernzone können in der Mantelfläche hervorgerufene Zugspannungen Werte oberhalb der Dauer- und der Kurzzeitfestigkeit erreichen, weshalb der Filter unmittelbar geschädigt wird. Axial- und Radialrisse, wie die häufiger beobachteten ring off cracks, die senkrecht zur Strömungsrichtung verlaufen, sind die Folge. Außerdem können die Spannungen zur Ermüdung führen, wodurch bei erneuter Überbeanspruchung der Filter ebenfalls geschädigt werden kann [87]. Erschwerend können weitere mechanische Belastungen, wie Vibrationen und Ausdehnungsunterschiede aus Filter und Filtergehäuse die Temperaturwechselbeanspruchung überlagern. Daher muss eine effektive Regenerationssteuerung die Temperaturen im Filter unterhalb ca. 800 °C halten, was üblicherweise gelingt [66,72,80].

Bei den diskutierten Regenerationsmethoden muss beachtet werden, dass sich nur brennbare und volatile Substanzen aus dem Filter entfernen lassen. Die angesammelten nichtbrennbaren Partikelrückstände verbleiben im Filter und führen bei zunehmender Betriebsdauer zu einem stetigen Anstieg der Filterbeladung. Über die steigende Filterbeladung hinaus besitzen diese Aschen ein erhebliches Schädigungspotential, das speziell bei ungünstigen Regenerationsbedingungen zum Ausdruck kommen kann. Daher muss die Regeneration permanent überwacht und vom Motormanagement kontrolliert werden [72,80]. Denn durch die stark exotherme Reaktion des Rußabbrandes besteht die Gefahr, dass die Temperaturen im Filter sehr schnell stark ansteigen. Bei ungünstigen Bedingungen, wie hoher Rußpartikelbeladung, hohem Sauerstoffgehalt im Abgas und gleichzeitig geringem Abgasmassestrom kann es in Einzelfällen zu unkontrolliert ablaufenden worst case Regenerationen kommen [66,72]. Dabei treten lokale Temperaturspitzen bis über 1100 °C verbunden mit hohen Temperaturgradienten im Filter auf, wodurch es, neben der bereits beschriebenen Rissbildung, zum lokalen Aufschmelzen kommen kann, was zur dauerhaften Schädigung des Filters führt [74,77]. Auch wenn diese extremen Regenerationsbedingungen nur wenige Sekunden dauern und selten real auftreten, werden die Ursachen der Schädigung deutlich [88]. Erhebliche Schwierigkeiten bereiten dabei die im Filter zurückgebliebenen Aschen, die unter dem Einfluss hoher Temperaturen mit dem Filterwerkstoff in Wechselwirkung treten können [89]. Dabei sind verschiedene Schadensursachen denkbar. Zum einen können die in den Poren abgelagerten Aschen aufgrund unterschiedlicher Wärmeausdehnungskoeffizienten beim durchlaufen größerer Temperaturbereiche Spannungen hervorrufen und so zur Schädigung beitragen. Zum andern können diese Bestandteile mit Cordierit neue Phasen bilden, die aufgrund niedrigerer Schmelztemperaturen, zum Filter unpassenden Wärmedehnungen, oder durch geringere Festigkeiten und Thermoschockbeständigkeiten, zur dauerhaften Schädigung führen [90]. Diese korrosiven Auswirkungen auf Cordierit werden in Kapitel 2.3.1 im Hinblick auf einzelne Aschebestandteile ausführlicher betrachtet.

2.3 Filtermaterial Cordierit

Die Materialien Siliziumkarbid und Cordierit sind die am weitesten verbreiteten keramischen Materialien zur Herstellung von Dieselpartikelfiltern [91]. Im Vergleich zu Cordierit sprechen für das SiC die höhere Wärmeleitfähigkeit und -kapazität. Cordierit hingegen punktet aufgrund des niedrigen thermischen Ausdehnungskoeffizienten, den relativ guten mechanischen Eigenschaften bei erhöhten Temperaturen und insbesondere wegen der damit verbundenen Thermoschockbeständigkeit [92]. Diese technischen Vorteile sind mit günstigen Herstellungskosten aufgrund billiger natürlicher Rohstoffe sowie einfacher Prozesse gekoppelt [60,72]. In Tabelle 2-2 sind einige wichtige Eigenschaften Cordierit- und SiC-basierter kommerzieller Filter aufgelistet.

	Cordierit	SiC	Si-SiC
Typische Porosität [%]	53-65[*]	36-45[*]	40-62[*]
Mittlerer Porendurchmesser [µm]	15-20[*]	10[*]	20[*]
Thermoschock-Parameter [°C]	790[**]	124[**]	250[*]
E-Modul [GPa]	4,7[**]	33,3[**]	18[*]
Festigkeit [MPa]	2,6[**]	18,6[**]	21[*]
Thermischer Ausdehnungskoeffizient [10^{-6} K^{-1} (40-800°C)]	0,7[**]	4,5[**]	4,1[*]
Thermische Leitfähigkeit [W/mK]	<1[*]	40-61[*]	12-25[*]

Tabelle 2-2: Materialien und Eigenschaften von Dieselpartikelfiltern. Werte für * nach [93] und ** nach [58].

Der als natürliches Mineral vorkommende Cordierit spielt als synthetisierbares Material in verschiedenen Anwendungsgebieten eine wichtige Rolle. Zum Einsatz kommt Cordierit beispielsweise als Brennhilfsmittel, als Substratwerkstoff in der Elektrotechnik [94,95], als Katalysatorträger im Bereich der Chemie [96] und des Automobilbaus [37,97]. Im System $MgO-Al_2O_3-SiO_2$ gibt es eine Reihe keramischer Werkstoffe, die teilweise den Sonderkeramiken zuordenbar sind. Hierzu gehören die Korund-, Spinell-, Forsterit und Steatitmassen, bestimmte Al_2O_3-haltige Werkstoffe und die Cordieritkeramiken [98]. Im in Abbildung 2-3 dargestellten Dreistoffdiagramm ist das Ausscheidungsgebiet von Cordierit hervorgehoben. Am so genannten Cordieritpunkt lautet die Mineralzusammensetzung $2MgO \cdot 2Al_2O_3 \cdot 5SiO_2$ und liegt somit scheinbar im benachbarten Mullit-Feld, was an der inkongruenten Zersetzung in Mullit und Schmelzphase bei 1465 °C liegt, siehe Abbildung 2-3. In das Gitter mit der idealen Zusammensetzung $Mg_2Al_4Si_5O_{18}$ kann mehr SiO_2 und MgO eingebaut werden, aber zusätzliches Al_2O_3 kann nicht gelöst werden [99,100].

Das Stabilitätsgebiet des Cordierits umfasst einen Temperaturbereich von 1465 - 1355°C. Letztere Temperatur entspricht dem am niedrigsten schmelzenden Eutektikum des Systems, womit das theoretisch maximale, thermische Einsatzfeld des reinen Cordierits limitiert ist.

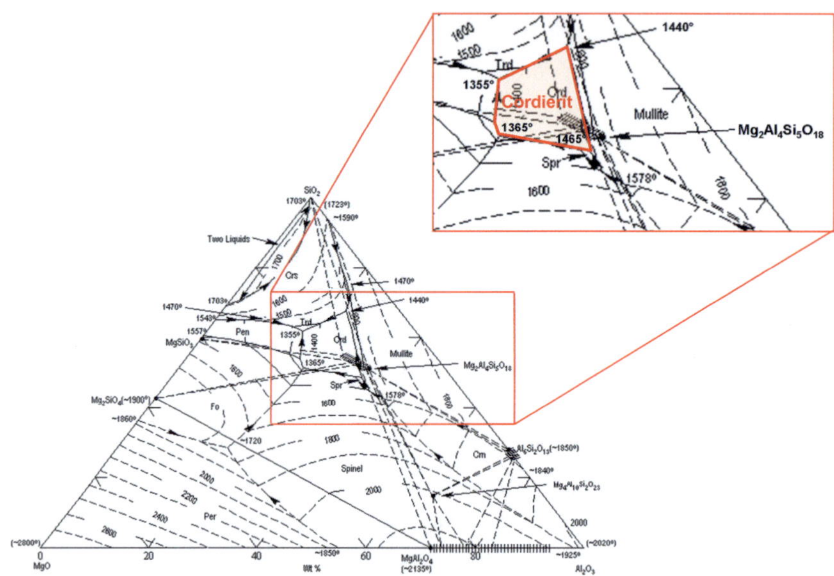

Abbildung 2-3: Phasendiagramm Al₂O₃ - MgO - SiO₂ nach Osborn & Muan [101].

Der zu den Ringsilikaten zählende Cordierit ähnelt in der Struktur dem Beryll, wobei die Be^{2+} Plätze durch Al^{3+} und Si^{4+} besetzt werden. Der dadurch erforderliche elektrostatische Valenzausgleich erfolgt durch den gekoppelten Tausch von Be^{2+} Si^{4+} gegen Al^{3+} Al^{3+} [102]. Jeweils sechs [SiO₄] bzw. [AlO₄] Tetraeder bilden Ringe, die untereinander durch weitere Tetraeder sowie oktaedrisch koordiniertes Magnesium verbunden sind. Durch diesen strukturellen Aufbau ähnelt Cordierit einem Gerüstsilikat [103]. Die Symmetrie ist entweder hexagonal oder pseudohexagonal orthorhombisch, was vom Ordnungsgrad des Siliziums und Aluminiums auf den Tetraederplätzen abhängt [103-105]. Die als Tiefcordierit bezeichnete orthorhombische Modifikation besitzt eine über die Struktur geordnete Verteilung von Silizium und Aluminium auf den Tetraederplätzen, während bei der technisch bedeutsameren hexagonalen Hochtemperaturmodifikation, als Indialith bezeichnet, diese Elemente größtenteils ungeordnet verteilt sind [106-108]. Natürlicher Cordierit zeigt oftmals eine gewisse Teilordnung von Aluminium und Silizium, während sich synthetischer Cordierit durch eine meist starke Unordnung auszeichnet und somit dem Indialith ähnelt [105]. Die

18

Umwandlung des metastabilen Indialith zu Tiefcordierit läuft äußerst langsam ab. Daher tritt in keramischen Werkstoffen meist nur die Hochtemperaturkonfiguration auf, die vereinfacht auch als α-Cordierit oder schlicht als Cordierit bezeichnet wird [109].

Eine herausragende Eigenschaft des Cordierits ist seine minimale Wärmedehnung verbunden mit einer exzellenten Thermoschockbeständigkeit, was ihn für eine Vielzahl technischer Anwendungen interessant macht [104,110,111]. Der Grund für die geringe thermische Dehnung liegt in den Bindungsverhältnissen im Kristall. Im Vergleich zu den Bindungen aus Aluminium und Sauerstoff, bzw. Silizium und Sauerstoff, sind die Bindungen zwischen Magnesium und Sauerstoff schwächer, weshalb sich die MgO_6-Oktaeder bei Temperaturerhöhung vergleichsweise stärker ausdehnen. Aus der Dehnung in a-Richtung resultiert eine Deformation der gesamten Struktur, wodurch eine Kontraktion in c-Richtung hervorgerufen wird [104,112]. Im Vergleich zum Hochtemperaturcordierit zeigt die Tieftemperaturmodifikation mit ihrer starken Ordnung eine größere thermische Anisotropie [113]. In polykristallinen cordieritreichen Materialien führt dies zu einer Ausdehnungsanomalie, die sich in einer leicht negativen Wärmedehnung im Temperaturbereich bis wenige 100 °C zeigt. Im Bereich relativ niedriger Temperaturen wird, bezogen auf die Gesamtdehnung, die progressive Dehnung entlang der a-Achsen durch die Kontraktion entlang der c-Richtung (über-) kompensiert. Erst allmählich nimmt durch die zunehmende Expansion in den Ringebenen die Dehnung in a-Richtung zu, bis sie schließlich überwiegt und die Gesamtdehnung dominiert.

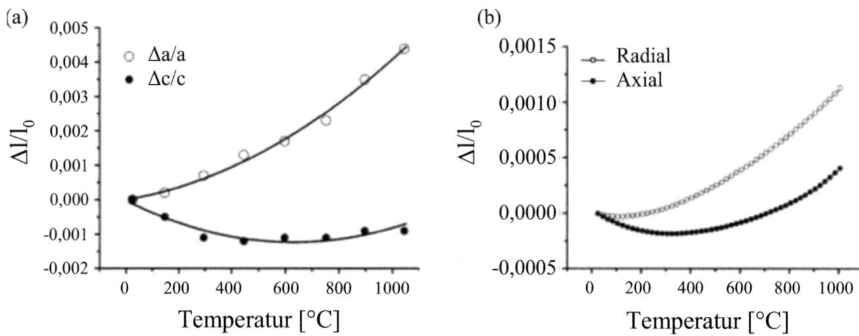

Abbildung 2-4: Thermische Dehnung von Cordierit: Messungen am (a) hexagonalen Einkristall in Richtung der a- und c-Achse [105], sowie (b) am extrudierten Filter in axialer und radialer Richtung [114].

Die bei der Herstellung eingesetzten Rohstoffe, die Sinterparameter sowie chemischen Beimischungen und Verunreinigungen beeinflussen maßgeblich den mengenmäßigen Anteil an gebildetem Cordierit und die ausgebildeten Werkstoffeigenschaften [115]. Intensive Untersuchungen zu den Bildungsmechanismen in Cordieritwerkstoffen wurden im Hinblick auf anwendungsrelevante Fragen von Rasch et al. [116,117] durchgeführt. Zur Herstellung werden Talk, Kaolin, SiO_2 (amorph und/oder kristallin), Mullit oder Aluminiumoxid respektive Aluminiumhydroxid eingesetzt [116,118,119]. Diese Stoffe werden, meist unter Zugabe organischer Binder und Wasser zu plastisch deformierbaren Massen vermischt, die anschließend durch Extrusion ihre Form erhalten [118]. Dabei erfahren plättchenförmige Bestandteile des Versatzes (Talk und Tonminerale) eine bevorzugte Ausrichtung parallel zur Extrusionsrichtung, was zu einer teilweisen Orientierung der Cordieritkristalle im fertigen Wabenkörper führt. Die Kristalle wachsen so, dass die c-Achse der Cordieritkörner überwiegend in Extrusionsrichtung liegt, die a-Achse entsprechend senkrecht dazu. Diese teilweise Orientierung der Kristalle in der polykristallinen Matrix führt zu einer anisotropen Wärmedehnung der Wabenkörper. Dementsprechend ist die Wärmedehnung in Extrusionsrichtung geringer, als senkrecht dazu [118]. Schon beim Abkühlen der Waben nach dem Sinterprozess treten aufgrund dieser Anisotropie lokale Spannungen auf, die zur Mikrorissbildung führen [4,60]. Bekanntermaßen können Mikrorisse dazu beitragen, dass der Wärmeausdehnungskoeffizient nochmals gesenkt wird. Inwiefern die Anisotropie noch weitere Werkstoffparameter beeinflusst, wurde beispielsweise von Bubeck hinsichtlich des E-Moduls untersucht, wobei er feststellte, dass dieser im extrudierten Wabenkörper allenfalls eine minimale Richtungsabhängigkeit zeigt [114].

Entsprechend den unterschiedlichen Rohstoffen und Sinterbedingungen, finden sich in der Literatur unterschiedliche Vorstellungen zu den bei der Sinterung und Cordieritbildung ablaufenden Prozesse [116,118,120,121]. Die Grundlagen zur Herstellung extrudierter Wabenkeramiken basieren auf den Arbeiten von Lachman et al., die die Fertigung von Cordieritwaben als Automobil-Katalysatorträger untersucht haben [118]. Diese aus mehr als 90 % synthetischem Cordierit bestehenden Waben (bis 900 Zellen pro 1 square inch) sind derzeit ein gewisser Endpunkt einer optimierten Werkstoffentwicklung unter den Prämissen: minimaler thermischer Ausdehnungskoeffizient ($< 1,0*10^{-6}$ K^{-1} von RT bis 1000 °C [58]), höchste Temperaturwechselbeständigkeit [111], geringe Druckverluste [70], ausreichende mechanische Festigkeit [110] und Langlebigkeit [122]. Ähnliche Forderungen bestehen auch an Dieselpartikelfilter, weshalb ihre Herstellung eng an die Produktion cordieritbasierter Autokatalysatoren angelehnt ist [91]. Durch mehrstündiges Reaktionssintern der Versätze bei Temperaturen um 1400°C bildet sich die gewünschte offenporige Struktur der extrudierten Cordieritwaben [116,118,123], wobei die Porosität durch Zugabe von Porenbildnern unterstützt werden kann [60].

2.3.1 Schädigungen von Cordieritfiltern durch Aschebestandteile

Verglichen mit Siliziumcarbid besitzt Cordierit eine geringere Wärmekapazität und -leitfähigkeit [60]. Dies ist einerseits ein Vorteil, denn es erlaubt eine schnellere Aufheizung des Filters auf Regenerationstemperatur, andererseits bringt das aber auch Nachteile mit sich [4,61]. Denn beim Russabbrand entstehende lokale Temperaturspitzen können weniger effektiv abgebaut werden, weshalb Cordierit anfällig ist für schädliche Temperaturpeaks [60]. Dadurch steigt die Wahrscheinlichkeit, dass aufgrund thermisch induzierter Spannungen Makrorisse entstehen; zusätzlich vergrößert sich erheblich die Gefahr, dass Aschebestandteile das Filtermaterial korrosiv schädigen. Beim Einsatz als Dieselpartikelfiltermaterial ist dies der Hauptnachteil des Werkstoffes, welcher durch geeignete Schutzmaßnahmen ausgeglichen werden soll. Doch bevor Schutzmaßnahmen entwickelt werden können, müssen zunächst die schädigenden Einflüsse und deren Auswirkungen bekannt sein.

Schädigungen von Dieselpartikelfiltern durch das Zusammenspiel hoher Temperaturen und Ascherückständen ist Gegenstand zahlreicher Studien. Insbesondere die korrosiven Auswirkungen auf Cordierit sind von Interesse. Beispielsweise stellten Brooks und Morrell schon 1980 Untersuchungen zur Schädigung von Cordierit durch Rückstände aus Verbrennungsabgasen bei Temperaturen bis 1400 °C vor [124]. Die Entwicklung additivierter Kraftstoffe führte zu einer Vertiefung der Korrosionsuntersuchungen. Meist wurden hierfür entweder Pulvermischungen aus Cordierit und einzelnen Aschebestandteilen, oder poröse, mit Aschekomponenten infiltrierte Cordieritproben, in Abhängigkeit von Auslagerungstemperatur und -dauer untersucht. So stellten Fox et al. fest, das Na_2SO_4 erst dann eine schädigende Wirkung zeigt, wenn die Schmelztemperatur von Na_2SO_4 überschritten ist, weshalb sie zu dem Schluss kommen, dass der korrosive Angriff über die Schmelze erfolgt [125]. Dementsprechend ist die korrosive Schädigung umso größer, je mehr Cordierit mit Schmelze in Kontakt kommen kann, also je poröser das Material ist [124]. Nicht nur die Schädigung als solche, sondern auch die temperaturabhängige Bildung neuer Phasen durch Reaktionen zwischen einzelnen Aschebestandteilen und Cordierit sind in der Literatur untersucht. Zusammenfassend lassen sich folgenden Aussagen treffen [37,90,122,125-134]: Reaktionen von Na_2O und PbO führen bereits ab 600°C zur Schädigung von Cordierit. Ab 700°C entwickeln andere Natriumquellen wie $NaCl$, Na_2CO_3 und Na_2SO_3 ebenfalls ein Schädigungspotential. Ab etwa 750°C kommt es zu Reaktionen mit K_2O_3; K_2SO_4 hingegen reagiert erst ab 900 °C mit Cordierit. CaO und MnO bilden ab 900 °C bzw. 950 °C mit Cordierit neue Phasen. Ab 1000°C wird Cordierit von ZnO angegriffen und schließlich ab 1050 °C auch von CoO und NiO.

Pulver-mischung aus Cordierit und	600 °C	700 °C	800 °C	900 °C	1000 °C
Na_2O	Cordierit Na_2CO_3 $Na_2Al_2SiO_6$	Cordierit Na_2CO_3 $Na_2Al_2SiO_6$ Mg_2SiO_4	Na_2CO_3 $Na_4Mg_2Si_3O_{10}$	$Na_4Mg_2Si_3O_{10}$	$Na_4Mg_2Si_3O_{10}$ $NaAlO_2$
CaO	Cordierit CaO $CaCO_3$	Cordierit CaO $CaCO_3$	Cordierit CaO $CaCO_3$	Cordierit $CaCO_3$ Melitit	Cordierit $CaCO_3$ Melitit
ZnO	Cordierit ZnO	Cordierit ZnO	Cordierit ZnO	Cordierit ZnO	Cordierit ZnO Zn_2SiO_4 $MgAl_2SiO_4$
PbO	Cordierit PbO Pb_2SiO_4	Cordierit Pb_2SiO_4 $PbAl_2SiO_6$	Cordierit $PbAl_2SiO_6$	$PbAl_2SiO_6$ $PbAl_2SiO_8$	$PbAl_2SiO_6$ $PbAl_2SiO_8$
V_2O_5	Cordierit V_2O_5	Cordierit V_2O_5	Cordierit V_2O_5 SiO_2 MgV_2O_6	Cordierit V_2O_5 SiO_2 MgV_2O_6	Cordierit V_2O_5 SiO_2 MgV_2O_6

Tabelle 2-3: Mittels XRD-Phasenanalyse nachgewiesene Phasen an Pulvermischungen aus Cordierit und Fremdstoff nach [128].

Die Untersuchungen verdeutlichen, wie vielfältig die Reaktionen sind, die zwischen Aschebestandteilen und Cordierit bei regenerationsrelevanten Temperaturen ablaufen können. Allerdings ist dadurch noch keine Aussage darüber getroffen, welches Schädigungspotential realitätsnahe Mischungen dieser Aschekomponenten besitzen. Die Untersuchungen einzelner Partikelbestandteile bilden nicht die mannigfaltigen Reaktionen ab, die bereits innerhalb der Aschen ablaufen können und zeigen daher nicht, wie die möglichen Reaktionsprodukte mit Cordierit interagieren. Auch wenn eine einzelne Aschekomponente den Filter schädigt, könnte in einer realen Mischung dieses Verhalten durch weitere Reaktionen mit vorhandenen Aschen sowohl verstärkt, als auch vermindert werden. Zusätzlich muss der mengenmäßige Anteil verschiedener Substanzen innerhalb der Aschezusammensetzung beachtet werden. Gerade dann, wenn einige getestete Komponenten in realen Partikelrückständen spärlich vorkommen, lässt sich nur schwer eine Aussage hinsichtlich der möglichen Eignung als Filtermaterial treffen. So sind Nickel und Cobalt kaum in Filtern nachgewiesen worden und Elemente wie Mangan, Blei oder Cer finden sich nur dann in größeren Mengen im Filter, wenn entsprechend metallisch additivierte Kraftstoffe, beispielsweise zur passiven Regeneration, eingesetzt werden [76,77,90,130]. Ansonsten spielen diese Elemente in realistischen Aschen eine untergeordnete Rolle [33,76]. Neben der einseitigen Betrachtungsweise, Schädigungen statt auf ein Aschegemisch auf einzelne Bestandteile zurückführen zu wollen, liegt ein weiteres Problem bei der Übertragung auf reale Filter in der Art des Kontaktes zwischen Asche und Cordierit. Mischungen aus Aschepulver und Cordieritpulver sind zwar geeignet um entstehende Phasen zu analysieren, lassen aber nur wenige Rückschlüsse auf die Vorgänge in realen Filtern zu. Diese Defizite wurden in [135] aufgegriffen. Dort wurden Untersuchungen an mit realitätsnahen Aschezusammensetzungen beaufschlagten Cordieriten durchgeführt, um den Schädigungsmechanismus zu identifizieren und mögliche Schutzmaßnahmen abzuleiten. Als Ergebnis wurde festgehalten, dass der von Fox [125] postulierte korrosive Angriff über eine gebildete Schmelze auch für realitätsnahe Aschemischungen Gültigkeit besitzt. Durch die Schmelze können im wesentlichen zwei schädigende Ereignisse ausgelöst werden: Einerseits kann die Schmelze Poren und Risse füllen und dort nach dem Erstarren aufgrund inkompatibler thermischer Ausdehnungskoeffizienten das Material durch thermisch induzierte Spannungen schädigen und andererseits kann die Schmelze den Cordierit direkt angreifen, was durch eine Auflösung von Cordierit bzw. dem Entstehen neuer Phasen gekennzeichnet ist. Diese Phasen besitzen einen im Vergleich zum Cordierit erhöhten Wärmeausdehnungskoeffizienten und tragen somit auch über diesen Sachverhalt zusätzlich zur Schädigung bei.

Werden die Korrosionsuntersuchungen nicht an Pulvern, sondern an Massivproben aus Cordierit durchgeführt, berichten einige Autoren von der Bildung von Schmelzen und neuen Phasen an den Grenzen zwischen Aschepartikel und Cordierit. Dadurch kann es zu dem oben beschriebenen Effekt der Schädigung aufgrund unterschiedlicher Wärmedehnungen kommen. Nach erfolgter thermischer Auslagerung von mit Aschebestandteilen infiltrierten Cordieritsubstraten wurde eine Festigkeitsänderung gegenüber unbehandeltem Cordierit gemessen [37,39,90,135]. Eine verminderte Bruchfestigkeit lässt sich dabei auf eine korrosive Schädigung zurückführen. Daher erstaunt es auf den ersten Blick, dass einige Studien höhere Festigkeiten nach einer einmaligen Wärmebehandlung messen. Dieser vermeintliche Widerspruch lässt sich dadurch erklären, dass es bei ganz speziellen Testszenarien dazu kommen kann, dass die Asche an das Substrat ansintert, oder dass es durch eine gebildete aschebasierte Schmelze zum Verschluss versagensrelevanter Risse kommen kann. Auch wenn die höheren Festigkeiten den Eindruck vermitteln eine Schädigung hätte nicht stattgefunden, bleibt trotzdem die Frage offen, was bei erneuter thermischer Auslagerung passiert. Denn bei all den gefundenen Phasen liegt der thermische Ausdehnungskoeffizient über Cordierit, insofern ist bei erneutem Temperaturwechsel eine Schädigung sehr wahrscheinlich.

Alle ausgewerteten Literaturquellen stellen übereinstimmend fest, dass Aschekomponenten bei erhöhten Temperaturen zur Schädigung von Cordierit führen. Bezüglich der Aschemischungen wurde festgestellt, dass diese eine geringere Schmelztemperatur als die Einzelkomponenten besitzen und somit schon bei niedrigeren Temperaturen Cordieritfilter schädigen. Insbesondere die Bildung von Schmelzen auf Basis der Phosphate von Calcium, Magnesium und Zink, was durch weitere Aschebestandteile wie Alkaliverbindungen und Sulfate begünstigt wird, ist als kritisch anzusehen [135].

Um die durch Aschebestandteile bei regenerationsrelevanten Temperaturen verursachten massiven Schädigungen zu minimieren, soll eine Schutzschicht den Kontakt zwischen Cordierit und den reaktiven Ascheschmelzen verhindern. Für diese porenbedeckende Schicht soll in dieser Arbeit zunächst ein Erfolg versprechendes Material gefunden werden, welches durch ein zu entwickelndes Beschichtungsverfahren auf die in den Wabenwänden befindlichen Porenkanäle möglichst gleichmäßig aufgebracht werden soll. Dabei muss das Schutzschichtmaterial zum einen eine ausreichende Beständigkeit gegen den korrosiven Ascheangriff bei Temperaturen bis ca. 1200 °C besitzen, zum anderen ist aber auch eine hinreichende Verträglichkeit zum Substrat Cordierit erforderlich.

2.4 Potentielle Schutzschichtmaterialien

Anforderungen an potentielle Schutzschichtmaterialien ergeben sich aus den Betriebsbedingungen des Partikelfilters und aus den Eigenschaften des Substrates. Zusätzlich spielt die Frage der Beschichtungsmöglichkeit eine zentrale Rolle. Aus den Betriebsbedingungen des Filters folgt die geforderte Temperaturbeständigkeit bis ca. 1200 °C und die Korrosionsbeständigkeit gegen im Filter abgelagerte Stoffe wie Öl- und Additivaschen, Abrieb aus Motor und Abgasstrang, korrosivem Abgaskondensat und katalytischen Komponenten. Daneben ist die Verträglichkeit mit dem Substrat von herausragender Bedeutung. In einer ersten Literaturstudie müssen deshalb Daten zu Wärmeausdehnungskoeffizienten und Grenztemperaturen für den Einsatz, die sich z.B. aus der Phasenstabilität ergeben können, ausgewertet werden. Weitere relevante Eigenschaften betreffen die Beschichtungsmöglichkeiten und letztendlich die Verfügbarkeit und Kosten geeigneter Rohstoffe.

Aus Vorüberlegungen kommen Werkstoffe wie Mullit und TiO_2 in Betracht, da diese Materialien in zum Cordieritfilter ähnlichen Umgebungen eingesetzt oder als Material für Dieselpartikelfilter direkt in Betracht kommen [136]. So fuhr der Audi R10 TDI beim 24 Stunden Rennen in Le Mans 2006 mit einem Mullit-Dieselpartikelfilter der Firma Dow Chemical als erstes Fahrzeug über die Ziellinie [60,137]. Zwar wird TiO_2 nicht als Material für Dieselpartikelfilter eingesetzt, aber im Bereich der NO_x Reduktion in Kraftwerksabgasen und Industrieanlagen ist es durchaus korrosiven Substanzen und erhöhten Temperaturen ausgesetzt [138-140]. Dort fungiert es als Aktivkomponente und könnte eventuell sogar als $DeNO_x$-Katatysator basierend auf einem monolithischen TiO_2 - Wabenkörper im Abgasstrang eines Dieselfahrzeugs Anwendung finden [141-145]. Insofern erscheinen beide Materialien auf den ersten Blick interessant. In der Literatur gibt es keine Hinweise auf schädliche Wechselwirkungen zwischen Mullit bzw. TiO_2 und Cordierit. Erste Voruntersuchungen zeigten allerdings, dass TiO_2 keine ausreichende Stabilität gegen einen korrosiven Ascheangriff besitzt. Auf die Aschezusammensetzung und die Versuchsbedingungen wird später eingegangen, das ernüchternde Resultat soll aber vorweg genommen werden.

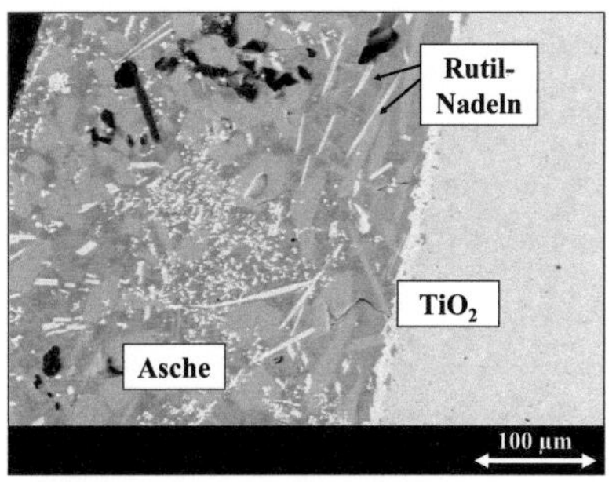

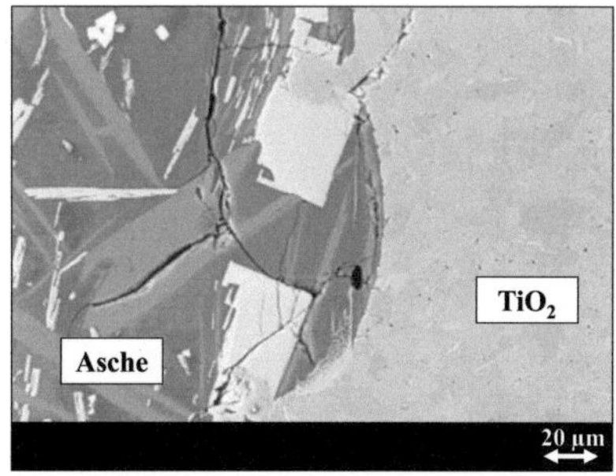

Abbildung 2-5: Querschliff nach thermischer Auslagerung von TiO_2 mit Modellasche. Die nadelförmigen Strukturen im Bereich der Asche (jeweils linker Bildbereich) sind TiO_2-reich.

Im Schliffbild, siehe Abbildung 2-5, erkennt man nadelförmige Strukturen, die laut EDX-Analyse reich an TiO_2 sind. Eine durchgeführte XRD Analyse bestätigt, dass in der Asche Rutil, also eine Modifikation des Titandioxids, vorhanden ist. Somit muss festgehalten werden, dass TiO_2 durch Aschebestandteile deutlich angegriffen wird. Bei Mullit ist eine geringere Schädigung zu erwarten. Takahashi et al. stellten bei der Untersuchung eines Mullit/Cordierit Komposits zwar fest, dass beide Materialien von Na-Salzen unter der Bildung von Natriumsilikaten angegriffen werden, die Beständigkeit des Mullits aber höher sei. Die entstandenen Phasen konnten als Nephelin und dessen Hochtemperaturmodifikation Carnegieit identifiziert werden [146]. Bei Untersuchungen mit ZnO, CaO, V_2O_5 und PbO wurden zu Cordierit vergleichbare Schädigungen festgestellt, aber auch hier lagen die dafür benötigten Temperaturen höher als bei der Schädigung von Cordierit [147]. Daher wurde vergleichbar zum Korrosionstest von TiO_2 auch Mullit mit Asche ausgelagert. Man sieht zwar in Abbildung 2-6 kaum eine generelle Schädigung in Form eines Materialabtrages, aber der poröse Mullit ist bis in über 1 mm Entfernung zur Kontaktzone mit Natriumsilikaten gefüllt, wobei es zu einer lokalen Schädigung des umgebenden Mullits kommt.

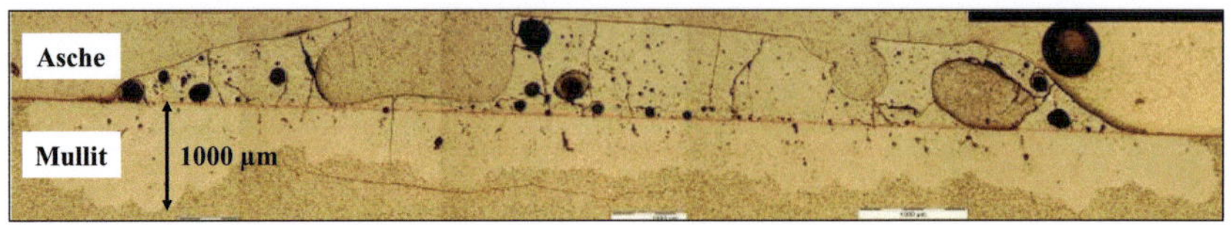

Abbildung 2-6: Lichtmikroskopische Aufnahme eines Querschliffes aus Asche und Mullit nach thermischer Auslagerung. Eine Natriumsilikat-haltige Schmelze ist tief in den porösen Mullit vorgedrungen.

Dieses tiefe Vordringen weist darauf hin, dass die Ascheschmelze auf Mullit eine hohe Mobilität besitzt. Insofern erscheint Mullit als Schutzschicht eher ungeeignet, da selbst beim Vorhandensein kleinster Risse zumindest Bestandteile der Ascheschmelze ungehindert zum Cordierit vordringen könnten und somit eine Schädigung mehr als wahrscheinlich ist.

Zusätzlich zu den beschriebenen Gründen, die gegen TiO_2 und Mullit als Schutzschichtmaterial sprechen, kommt noch ein gravierender Aspekt hinzu. Beide Materialien besitzen einen im Vergleich zu Cordierit hohen Wärmeausdehnungskoeffizienten [118,148,149]. Dies kann im Temperaturbereich, den der Dieselpartikelfilter im Betrieb durchläuft, zu Thermospannungen führen, die die Schicht oder das Substrat schädigen könnten. Am wahrscheinlichsten erscheint es, dass die Spannungen zu Rissen in der Schicht führen wodurch es eventuell zum Abplatzen einzelner Bereiche kommt. Wegen dieser Problematik wird ein neues Materialsystem auf der Basis von Natriumzirkonphosphat aufgegriffen, bei dem die Wärmedehnung ähnlich des Cordierits ist. Dieses Materialsystem erscheint auch deshalb interessant, weil es von einigen Autoren als potentielles Material für Dieselpartikelfilter in Betracht gezogen wird [58,60,92,150].

2.4.1 Natriumzirkonphosphat

Die Terminologie NZP wird in dieser Arbeit für Materialien verwendet, die auf der Ursprungsform $NaZr_2(PO_4)_3$, welche erstmals von Hagman und Kierkegaard 1968 beschrieben wurde, basieren [151]. Aufgrund verfeinerter Strukturuntersuchungen wird hier nicht die Schreibweise von Hagman et al. zur Beschreibung der allgemeinen Struktur angewandt, sondern die neuere Notation

$(M1)^{[6]}(M2)_3^{[8]} [L_2^{[6]}(X^{[4]}O_4)_3]$ nach Orlova et al. und Pet'kov et al. [152-155]. Mit M1 und M2 werden dabei Zwischengitterplätze bezeichnet, die mit Na teil- oder vollbesetzt sind; die Plätze L und X sind durch Zr respektive P besetzt. Die Koordination der entsprechenden Gitterplätze ist den hochgestellten Nummern zu entnehmen [152]. Aufbauend auf diesem Grundtyp wurden in den vergangenen Jahrzehnten verschiedenste Materialien synthetisiert und charakterisiert. Auch ein natürliches Mineral mit gleicher Struktur, welches Kosnarit genannt wird, wurde zwischenzeitlich entdeckt [156]. In der Literatur wird der Begriff NZP häufig synonym mit NASICON verwendet. Aber diese Begrifflichkeit weist mehr auf die Materialeigenschaft hin, als ihre Struktur zu klären. NASI-CON (Na Super Ionic Conductor) bezeichnet üblicherweise eine spezielle Form im System NZP, bei dem P gegen Si teilsubstituiert ist und steht für Materialien mit sehr hoher Na-Ionen Leitfähigkeit [157-159]. Hier liefen seit den 1980ern Untersuchungen mit der Fragestellung, ob sich dieses Material anstatt der häufig verwendeten $\beta-Al_2O_3$ Keramik als Festkörperelektrolyt für NaS-Zellen eignet. Die Leitfähigkeit scheint geeignet, die thermodynamische Stabilität gegen flüssiges Natrium ist jedoch umstritten [160,161]. Entsprechend den Na-Ionen Leitern existieren LISICON [162] mit teilweiser NZP-Struktur und die neuere Entwicklung thio-LISICON [163] (hinsichtlich Li-S-Zellen [164]), deren Name die Zugehörigkeit zu den Ionenleitern zeigt, aber die Materialien nicht mehr zwingend auf der NZP-Struktur basieren. Um sich nicht durch den Namen verwirren zu lassen, wird - auch wenn einige Autoren den Begriff NASICON als Synonym für NZP benutzen [165] - in dieser Arbeit ausschließlich der Begriff NZP verwendet, um auf die bestimmte, typische Struktur zu verweisen [166].

NZP kristallisiert rhomboedrisch in der Raumgruppe $R\bar{3}c$. Die Grundstruktur besteht aus $[Zr_2(PO_4)_3]^-$ Einheiten, wobei die Stelle des Zirkonium repräsentativ für ein mit Sauerstoff oktaedrisch umgebenes Kation steht und Phosphor durch tetraedrisch koordinierte Anionen (also Silikate, Phosphate, Arsenate, Vanadate, Sulfate, Molybdate, Wolframate, u. a.) substituiert sein kann [167]. Somit kann der Grundbaustein der Gerüststruktur allgemein durch die Form $[L_{2n}(XO_4)_3]^{m-}$ ausgedrückt werden. Die zwei Polyeder, nämlich XO_4 Tetraeder und LO_6 Oktaeder, bilden dabei, durch eckenverknüpfte gemeinsame Sauerstoffatome, das

Gerüst. Es ist also jedes Tetraeder mit vier Oktaedern und jedes Oktaeder wiederum mit sechs Tetraedern verbunden [151,152].

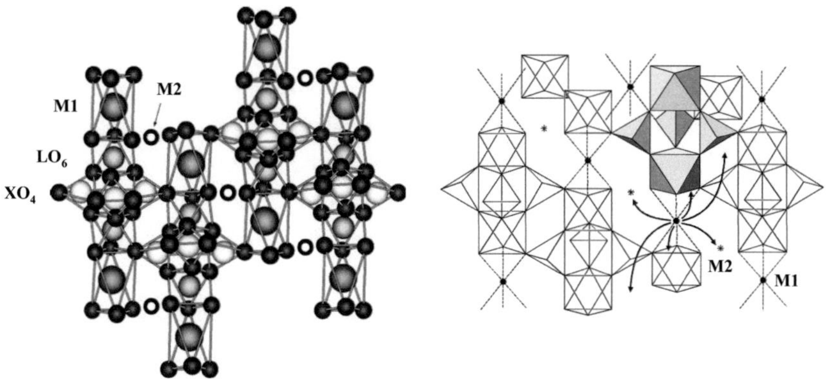

Abbildung 2-7: Schematischer Aufbau der NZP-Struktur. Im rechten Teilbild ist ein Grundbauelement (Laterne) schattiert und die Diffusionswege der Atome auf den M-Plätzen sind angedeutet [168].

Zwei der Oktaeder und drei Tetraeder bilden dabei die $[L_{2n}(XO_4)_3]^{m-}$-Einheit, die aufgrund ihrer Form gerne Laterne genannt wird. Diese Einheiten sind wiederum untereinander entlang der c-Achse verknüpft und über die XO_4 Tetraeder senkrecht dazu, entlang der a-Achse. Dabei sind die Plätze M1 und M2 dreidimensional verknüpfte Zwischengitterplätze unterschiedlicher Lage, Größe und Form, die für den Ladungsausgleich notwendig sind und entsprechend leer, teil- oder vollbesetzt sein können, um die Ladung m des Grundbausteins auszugleichen [169]. Die Stelle des Zirkoniums ist der Platz, der durch die größte Zahl an Atomen substituiert werden kann [165]. In Zusammenhang mit Phosphaten sind Zr, Ti, Sn und Hf die bekanntesten Vertreter; es gibt aber auch Verbindungen mit In, Sc und Fe [170]. Bei teilweiser Substitution kommen auch ein-, zwei-, drei-, vier- und fünfwertige Kationen in Betracht [165]. Mit zunehmenden Unterschieden in den Gitterbausteinen, wie Anzahl, Größe und Wertigkeit der Elemente kommt es zu einem fortschreitenden Symmetrieverlust, weshalb die Ordnung der Raumgruppe von $R\bar{3}c$ über die translationsgleiche, monoklin verzerrte Untergruppe C2/c zu Cc usw. abnimmt [154]. Trotzdem ist die Grundstruktur der NZP-Gruppe zuzuordnen [158]. Die Vielzahl an Substitutionsmöglichkeiten führt zu mehreren hundert synthetisierbaren Materialien mit den unterschiedlichsten Eigenschaften.

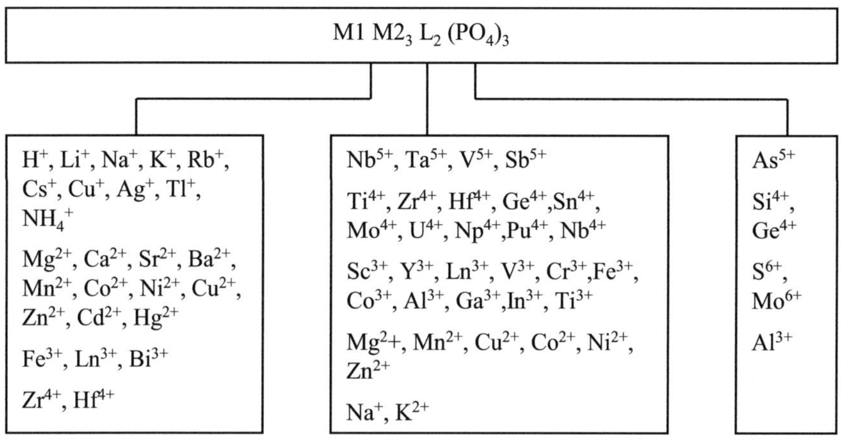

Abbildung 2-8: Einige Substitutionsmöglichkeiten für Materialien mit NZP-Struktur, nach Pet´kov [154].

Je nach Zusammensetzung zeichnen sich NZPs durch thermische, chemische und radioaktive Beständigkeit, gewünschtem Wärmeausdehnungskoeffizienten, geringer Wärmeleitfähigkeit, hoher Ionenleitfähigkeit und katalytischer Aktivität aus [158,166]. Dabei wird die Stabilität auf die starken Bindungen innerhalb der L$_2$(XO$_4$)$_3$ Polyeder und die Beständigkeit sowie Toleranz gegen Störungen auf die (teil-)besetzten Zwischengitterplätze, die als Puffer wirken, zurückgeführt. Anhand von Hochtemperatur-XRD Untersuchungen an Na$_{5-4x}$Zr$_x$(PO$_4$)$_3$ ($0 \leq x \leq 1{,}125$) konnte als Ursache für die geringe thermische Dehnung ein Zusammenspiel aus Rotationen der verknüpften Polyeder sowie der Expansion (bzw. Kontraktion) der teilbesetzten Zwischengitterplätze M1 und M2 der NZP-Struktur festgestellt werden [171]. Vereinfacht gesagt sind die starken Bindungen innerhalb der Gerüststruktur für die Stabilität verantwortlich, während die ausgebildeten Materialeigenschaften durch die Elemente auf den Zwischengitterplätzen und ihrer Interaktion mit dem Gerüst gebildet werden

[152,154,158,172]. Die starke Struktur zeigt sich auch in der ausgezeichneten Stabilität gegen radioaktive Strahlung, weshalb NZP-basierte Materialien als Behältermaterial für radioaktiven Abfall in Betracht gezogen werden [166]. Unter hydrothermalen Bedingungen zersetzten sich NZPs mit ein-, zwei-, drei-, vier- und fünfwertigen Elementen selbst nach einer Auslagerungsdauer von zwei Jahren bei 400 °C nicht [173,174]. Auch der Einsatz als Korrosionsschutz wird in der Literatur diskutiert. Ein Nicalon/SiC Verbundwerkstoff und eine Ni-basierte Superlegierung wurden von Lee et al. mit einer 200 µm dicken Schicht aus $Ca_{0,5}Sr_{0,5}Zr_4(PO_4)_6$ mittels thermischem Spritzen versehen. Zusammen mit dem Verbundwerkstoff war die Schicht über eine Zeit von 100 h auch bei 1000 °C sowohl in Luft als auch in einer Na_2SO_4/O_2 Atmosphäre stabil, was für die Eignung spricht. Bei der Legierung hingegen kam es zu Reaktionen an der Grenzfläche aus Substrat und Beschichtung, was gegen den Einsatz spricht [175]. Auch Breval et al. schlagen den Einsatz von NZP basierten Materialien als mögliche Schutzschicht vor, wobei sie besonders die Justierbarkeit des thermischen Dehnungsverhaltens an das Substrat hervorheben [176]. Ganz aktuell beschrieben Zhang et al. in ihrer Veröffentlichung eine Beschichtung von Mullit mit $Ca_{0,3}Mg_{0,2}Zr_2(PO_4)_3$. Dadurch konnte die Korrosionsresistenz gegenüber einer Na-haltigen Atmosphäre bei 1000 °C und 96 Stunden Auslagerungsdauer gegenüber unbeschichtetem Mullit deutlich verbessert werden [177].

Wie bereits dargestellt, ist die Wärmedehnung von Materialien, besonders bei Beschichtungen und Kompositen, eine wichtige Eigenschaft. Durch ungeschickte Materialpaarungen können Spannungen und Risse auftreten, was zu geringeren Festigkeiten oder schlicht zum Bauteilversagen führen kann. Insbesondere, wenn Materialien großen Temperaturschwankungen ausgesetzt sind, ist die Kenntnis des thermischen Dehnungsverhaltens von großer Bedeutung. Für Hochtemperaturanwendungen sind eine hohe thermische Stabilität sowie eine niedrige Wärmedehnung verbunden mit einer guten Thermoschockbeständigkeit wünschenswerte Eigenschaften, die einige Vertreter der Materialgruppe der NZP besitzen [178,179]. Dabei beruhen die Wärmedehnungseigenschaften auf der speziellen Gitterstruktur. Üblicherweise zeigt die c-Achse eine positive und die a- bzw. b- Achsen eine negative thermische Dehnung, weshalb das gesamte Verhalten anisotrop ist [180]. Im Übersichtsartikel von Breval und Agrawal von

1995 ist das Wärmedehnungsverhalten von etwa 200 Materialien mit NZP-Struktur, inklusive entsprechender Wärmedehnungskoeffizienten, dargestellt [181]. Die meisten Vertreter der Phosphate vom Typ $NaZr_2(PO_4)_3$ zeigen eine hohe thermische Stabilität und zersetzten bzw. schmelzen oberhalb 1000 °C bis 1600 °C. Durch das über die Zusammensetzung justierbare Wärmedehnungsverhalten überstehen sie auch bei großen Temperaturgradienten wiederholte Thermoschock-Belastungen [176,182].

Die Herstellung von NZPs erfolgt üblicherweise über die Pulverroute oder über Sol-Gel Verfahren. Bei der Festkörpersynthese werden Ausgangspulver der entsprechenden Elemente, wie Alkalimetallsalze, Oxide wie Zirkoniumdioxid und meist Ammoniumdihydrogenphosphat als Phosphatquelle, in stöchiometrischem Verhältnis gemischt und in einem Temperaturbereich bis 1000 °C kalziniert. Zu dieser Herstellung, die auf der Arbeit von Hong aufbaut, gibt es zahlreiche Quellen mit unterschiedlichen Ausgangspulvern und variierenden Synthesebedingungen [155,169,183,184]. Der Festkörpersynthese gemein sind meist eine verminderte Sinteraktivität sowie Spuren un- oder teilreagierter Edukte, was zu Beeinträchtigungen hinsichtlich Homogenität und Phasenreinheit führen kann [181,185]. Bessere Ergebnisse werden im Allgemeinen durch Sol-Gel-Verfahren erzielt, die in zahlreichen Varianten als Herstellungsroute eingesetzt werden [186,187]. Dabei sind im Wesentlichen zwei Verfahren zu nennen. So werden in einem Verfahren wässrige Lösungen von Carbiden, Nitriden, Chloriden und Phosphaten eingesetzt, während das andere Verfahren auf Polykondensationsreaktionen von hauptsächlich flüssigen Alkoxiden basiert [188-190]. Da eine ausführliche Schilderung angewandter Herstellungsrouten und -bedingungen aufgrund der unglaublichen Vielzahl an möglichen NZP-Varianten den Rahmen dieser Arbeit sprengt, sei für eine detaillierte Beschreibung zur NZP-Synthese auf die entsprechende Literatur verwiesen [155,169,183-190]. Zusätzlich existieren auch weniger verbreitete Verfahren, wie hydrothermale Synthese [191], Combustion-reaction [192] und es werden auch Konsolidierungen mittels Mikrowellen [193], sowie neuerdings mittels FAST (Field-Assisted-Sintering-Technique) durchgeführt [194].

Aufgrund der vielfältigen Möglichkeiten, die NZPs durch veränderte Zusammensetzungen in ihren Eigenschaften anzupassen, bietet diese Materialklasse die

Grundlage für eine experimentell unterstützte Materialauswahl hinsichtlich einer Schutzschicht für Dieselpartikelfilter, wo thermische Kompatibilität zum Substratwerkstoff bei gleichzeitig hoher Resistenz gegen den korrosiven Ascheangriff und eine hohe Temperaturwechselfestigkeit gefordert sind.

2.5 Grundlagen zur Tauchbeschichtung

Da Cordierit als Trägermaterial von Katalysatoren eingesetzt wird, ist das Thema Beschichtung von großer technischer und wissenschaftlicher Bedeutung. Es existieren mehrere Übersichtsartikel, die verschiedene Beschichtungsmethoden, die erzielten Fortschritte und die offenen Problemfelder thematisieren. Auf einige umfassende, neuere Arbeiten sei verwiesen [96,143,195]. Ein Focus dieser Artikel liegt auf dem Aufbringen einer Schicht auf die Kanalwände von Wabenkörpern. Im Unterschied hierzu sollen in der vorliegenden Arbeit die tortuosen Porenkanäle innerhalb der Wände eines Wabenkörpers beschichtet werden, was eine besondere Herausforderung darstellt, bei der ein Tauchbeschichtungsverfahren eingesetzt werden soll. Bei diesem Prozess wird das Substrat in eine gezielt eingestellte Dispersion getaucht, mit definierter Geschwindigkeit herausgezogen um die Schichtdicke konstant zu halten und anschließend möglichst so getrocknet und gesintert, dass keine Risse entstehen. Dabei werden besondere Anforderungen an die Eigenschaften der eingesetzten Dispersionen gestellt, um eine vollständig bedeckende Schicht zu erhalten und ein Ausfließen des Dispersionsüberschusses zu gewährleisten.

2.5.1 Partikelsuspensionen zur Tauchbeschichtung

Die Anwendungseigenschaften einer Suspension werden im Wesentlichen von den Wechselwirkungen der Phasen untereinander und den physikalisch-chemischen Eigenschaften der Bestandteile bestimmt. Für eine gute Verarbeitung muss die Suspension ein geeignetes rheologisches Verhalten aufweisen und darf nicht sedimentieren. Das heißt, die Suspension muss bei einem optimierten

Feststoffanteil eine geeignete Viskosität besitzen und muss stabil sein. Dieser Zustand ist durch eine maximale Zerteilung von Partikelagglomeraten und durch eine gleichmäßige Verteilung der dispersen Phase im Dispersionsmedium, auch über längere Zeiten, gekennzeichnet [196].

Überwiegen zwischen den einzelnen Partikeln anziehende Kräfte, kommt es zur Flockulation, wodurch Agglomerate entstehen und die Viskosität steigt [197]. Diese Suspensionen sedimentieren schnell und bilden ein locker gepacktes und inhomogenes Sediment. Wenn hingegen abstoßende Kräfte dominieren, führt dies zu dispergierten Teilchen, die eine geringere Sedimentationsgeschwindigkeit aufweisen. Das sich hier langsamer ausbildende Sediment ist durch eine höhere Dichte und homogenere Struktur gekennzeichnet [198]. Übertragen auf die Beschichtung, wo die Trocknung eine Art erzwungenes Sedimentieren darstellt, bedeutet dies, dass beim Einsatz einer stabilisierten Suspension eine möglichst dichte, kompakte Schicht abgeschieden werden kann, was die Grundvoraussetzung für eine nach dem Sintern defektarme Struktur ist [198]. Folglich müssen die Partikel in der Suspension auf Abstand gehalten werden, indem repulsive interpartikuläre Kräfte erzeugt werden, welche die attraktiven Kräfte betragsmäßig übersteigen. Als Mechanismus bedient man sich hierbei entweder der elektrostatischen Stabilisierung, der sterischen Stabilisierung, der Verarmungsstabilisierung oder einer Kombination aus sterischer und elektrostatischer Stabilisierung, nämlich der elektrosterischen Stabilisierung [196]. Für die elektrostatische Stabilisierung ist die gezielte Einstellung des pH-Wertes eines der Hauptmerkmale, während die beiden anderen Verfahren auf dem Einsatz organischer Makromoleküle beruhen. Diese Verfahren werden hier nicht näher beleuchtet, da die vorgesehene Innenporenbeschichtung ohne Einsatz von Polymeren, welche im Verlauf des Beschichtungsprozesses ausgebrannt werden müssten, erfolgen soll. In Arbeiten von Lewis und Horn sind die Stabilisierungsverfahren anschaulich beschrieben [196,199], wobei bezüglich des Einsatzes von Polymeren *Napper* einen guten Überblick über die Stabilisierung und deren Mechanismen gibt [200].

Elektrostatische Stabilisierung

Liegt ein polares, also ionenbildendes Milieu vor, wird die elektrostatische Stabilität dadurch erreicht, dass sich um die Partikel eine elektrisch geladene Doppelschicht ausbildet, wodurch die auf die Partikel wirkenden Anziehungskräfte betragsmäßig von den Abstoßungskräften der Doppelschichten untereinander überschritten werden. Die Ausbildung einer Doppelschicht erfolgt durch Adsorption von Ladungsträgern an der Partikeloberfläche, was dazu führt, dass sich die beweglichen Gegenladungen in einer Art Ionenwolke um die einzelnen Partikel herum konzentrieren. Abbildung 2-9 zeigt die Ionenverteilung nach dem Modell von Gouy [201] und Chapman [202]. Die Verteilung der Gegenionen und der Coionen wird durch den Verlauf des elektrostatischen Potentials bestimmt. Es hat an der Partikeloberfläche den Maximalwert des Oberflächenpotentials und fällt in das Dispersionsmittel hin ab. Daher nimmt die Konzentration der Gegenionen von einem Maximalwert an der Oberfläche zur Lösung hin ebenfalls ab. Die Coionen werden von der Oberfläche abgedrängt, ihre Konzentration steigt also zur Lösung hin an [203].

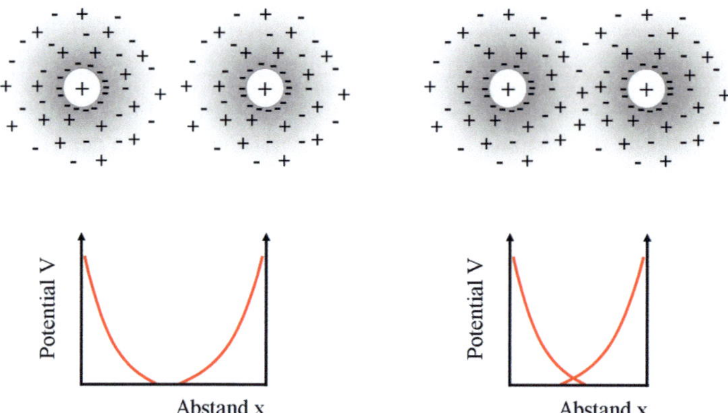

Abbildung 2-9: Schematische Darstellung der Ionenverteilung in der diffusen Schicht nach der Vorstellung von Gouy und Chapman. Bei Annäherung zweier elektrisch geladener Partikel wird aufgrund der Durchdringung der diffusen Ionenschichten ein Abstoßungspotential erzeugt.

Kommt es nun zu einer Annäherung der elektrisch gleichsinnig geladenen Ionenwolken, werden abstoßende Kräfte wirksam, die eine Agglomeration verhindern. Diese Theorie wurde sowohl von Derjaguin und Landau [204], als auch unabhängig davon von Verwey und Overbeek [205] formuliert. Sie ist in der Literatur unter dem Namen DLVO-Theorie bekannt und liefert eine mathematische Beschreibung der Oberflächenenergien in ionenbildenden Medien.

Gleichung 2-1
$$V_T = V_A + V_R$$

Dabei setzt sich die gesamte potentielle Oberflächenenergie V_T aus den Termen der Attraktion V_A, hauptsächlich van-der-Waals-Kräfte und der elektrisch bedingten Repulsion V_R zusammen.

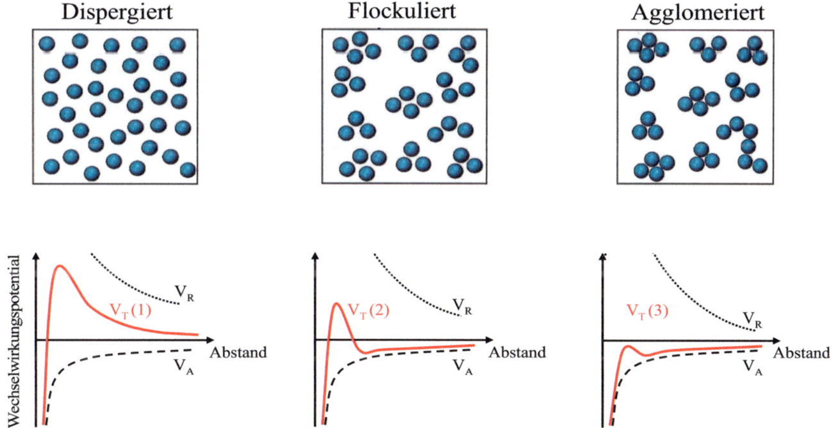

Abbildung 2-10: Schematische Darstellung des Wechselwirkungspotentials und der daraus resultierenden Strukturen in den Suspensionen. Die Einheit der Ordinate ist kT.

Abbildung 2-10 zeigt schematisch die typischen Kurvenverläufe des resultierenden Totalpotentials, das entstehen kann, wenn zwischen zwei Oberflächen oder kolloidalen Partikeln attraktive und repulsive Kräfte in Wechselwirkung treten. In Abbildung 2-10 repräsentiert Kurve (1) den Potentialverlauf für ein hohes

Doppelschicht-Potential, wie es typischerweise bei niedrigen Ionenkonzentraton auftritt. Hier ist die Abstoßung weit reichend, weshalb sich ein primäres Maximum ausbildet. Das Ausbilden eines sekundären Minimums, in Kurve (2) dargestellt, ist auf eine höhere Elektrolytkonzentration zurück zu führen. Die Partikel sind dort weich agglomeriert und können durch Einbringen von kinetischer Energie dispergiert werden. Im tief liegenden primären Minimum, siehe Kurve (3), agglomerieren die Partikel sofort und können selbst durch hohe kinetische Energie nicht redispergiert werden. Wirken keinerlei abstoßende Kräfte, folgt der Potentialverlauf der reinen van-der-Waals Anziehung, deren Verlauf in obiger Abbildung mit V_A gekennzeichnet ist [196].

Die Ionendichte in einer Suspension wird direkt durch den pH-Wert beeinflusst. Durch Assoziation und Dissoziation von Oberflächen-Hydroxylgruppen entstehen in polaren Medien H_3O^+ - und OH^- - Gruppen an der Partikeloberfläche. Im sauren Bereich ergibt sich durch den Protonenüberschuss eine positive Ladung, die mit steigendem pH-Wert aufgrund rückläufiger Ladungsdichte abnimmt und schließlich zu höheren Werten das Vorzeichen wechselt. Der pH-Wert, an dem die Ladungen sich neutralisieren, wird als isoelektrischer Punkt (IEP) bezeichnet. Hier ist das System destabilisiert, da keine elektrostatische Abstoßungsbarriere mehr vorhanden ist [206,207,210].

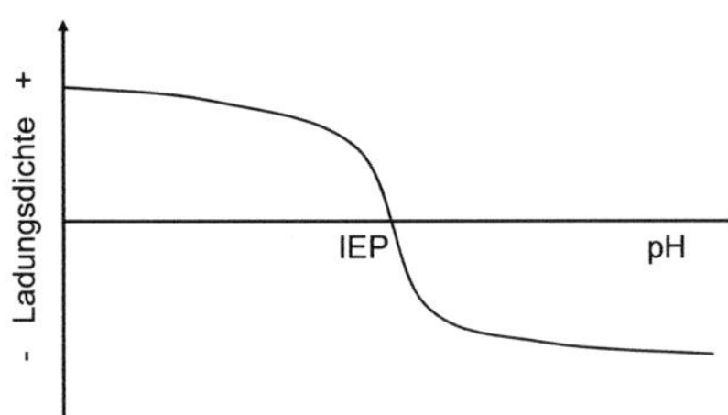

Abbildung 2-11: Abhängigkeit der Oberflächenladung vom pH-Wert.

Oberflächenpotential

Helmholtz, Gouy und Stern formulierten zu dem elektrischen Potential, welches sich von der Teilchenoberfläche zu den frei beweglichen Gegenionen im Medium ausbildet, unterschiedliche Annahmen über den genauen Potentialverlauf. Während Helmholtz im Gegensatz zu Gouy von einem linearen Potentialabfall anstatt einem Abfall nach einer e-Funktion ausgeht, verbindet Stern beide Überlegungen [207]. Danach bleibt ein gewisser Anteil an Ionen in der Stern-Schicht an der Oberfläche adsorbiert, während die restlichen Ionen die diffuse Schicht bilden [208].

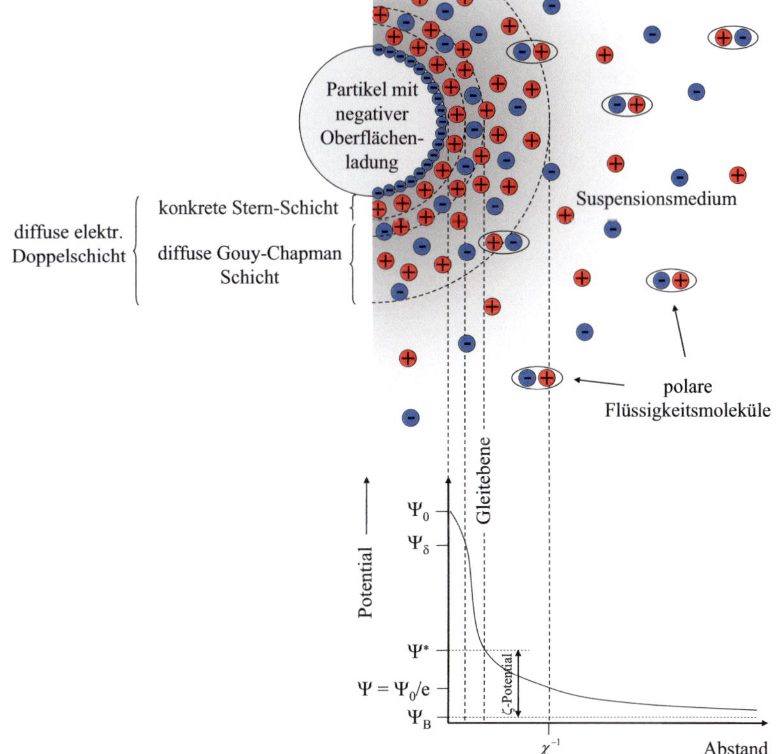

Abbildung 2-12: Elektrische Doppelschicht und diffuse Schicht nach dem Stern-Modell und Potentialverlauf zwischen Partikeloberfläche und Suspensionsmedium [209].

Mit Einschränkungen sind alle drei Modelle in der Praxis anwendbar [210]. Bei einer sehr hohen Ionenkonzentration gilt eher das Modell von Helmholtz, bei einer äußerst schwachen Ionenkonzentration das Modell von Gouy. Im Bereich realer Anwendungen ist das Modell von Stern das geeignetste [210].

Beim in Abbildung 2-12 dargestellten Partikel im Suspensionsmedium werden die Ladungen an der Partikeloberfläche durch Gegenladungen aus der Flüssigkeit kompensiert. Hier zeigen sich die innere und die sich daran anschließende äußere Helmholtzschicht. Die Ladungen der äußeren Helmholtzschicht entsprechen wiederum den Ladungen der Partikeloberfläche. Werden beide Schichten zusammengefasst, bezeichnet man sie als Stern-Schicht. Bedingt durch die Brown'sche Molekularbewegung liegt in der umgebenden Schicht eine diffuse Verteilung der wechselseitigen Ladungen vor, deren Ladungsstärke mit zunehmendem Abstand sinkt.

Ein Maß für die Dicke der Doppelschicht, bei der das Oberflächenpotential φ_0 auf φ_0/e gefallen ist, stellt die Debye-Hückel-Länge χ^{-1} dar. Sie lässt sich nach Gleichung 2-2 berechnen [211].

Gleichung 2-2
$$\chi^{-1} = \left(\frac{e^2 \cdot \sum n_i \cdot z_i{}^2}{\varepsilon_0 \cdot \varepsilon_r \cdot k_B \cdot T} \right)^{-1/2} = \left(\frac{2000 e^2 \cdot N_A \cdot I}{\varepsilon_0 \cdot \varepsilon_r \cdot k_B \cdot T} \right)^{-1/2}$$

Hierin sind e die Elementarladung, n_i und z_i die Konzentration und Wertigkeit der Ionen, ε_0 und ε_r die Permittivität des Vakuums bzw. die Dielektrizitätskonstante des Dispergiermediums, k_B die Boltzmann-Konstante, T die absolute Temperatur, N_A die Avogadro-Konstante und I die Ionenstärke. Demnach sind für die Dicke der Doppelschicht - wie auch für das Oberflächenpotential - der pH-Wert und die Elektrolytkonzentration die bedeutendsten Stellschrauben, bei der Suspensionsformulierung.

Zeta-Potential

Die Potentialdifferenz zwischen der Partikeloberfläche und der neutralen Zone lässt sich nicht direkt messen. Allerdings kann das Potential der diffusen

Schicht, das Zeta-Potential ζ, beispielsweise aus der elektrophoretischen Wanderungsgeschwindigkeit der Partikel im Dispergiermedium bestimmt werden [207,212] Bringt man ionisch stabilisierte Dispersionen in ein elektrisches Feld, wirkt eine Kraft auf die Partikel, wodurch sie sich in Richtung der gegensätzlich aufgeladenen Elektrode bewegen. Während dem Fließen bildet sich aufgrund der Viskosität η eine nach dem Stoke'schen Gesetz quantifizierbare Gegenkraft aus, die dazu führt, dass sich ein stationärer Zustand ausbildet. Im Dielektrikum mit der Dielektrizitätskonstanten ε bewegen sich dann die Partikel entsprechend ihrer Ladung mit gleichförmiger Geschwindigkeit u. Durch das Messen der Wanderungsgeschwindigkeit der mit Ladungen umhüllten Teilchen im elektrischen Feld E kann nach Gleichung 2-3 das ζ-Potential bestimmt werden [210].

Gleichung 2-3
$$\zeta = u \cdot \frac{\eta}{k \cdot \varepsilon \cdot E}$$

Um Aufschluss über die Partikelwechselwirkung zu erhalten, besteht also die Möglichkeit ζ-Potentialmessungen heranzuziehen. In der Praxis hat sich gezeigt, dass das ζ-Potential der relevanteste Wert ist, um die Suspensionsstabilität zu beurteilen [207,212].

Es bleibt festzuhalten, dass durch den pH-Wert, sowie die Wertigkeit und Konzentration des Elektrolyten, die Stabilität einer Suspension maßgeblich beeinflusst werden kann. Für eine möglichst stabile Suspension gilt daher, dass der pH-Wert vom IEP möglichst weit entfernt liegen soll und dass die Ionenkonzentration niedrig gehalten werden muss. Insbesondere sollten mehrwertige Ionen vermieden werden. Ein schematisches Stabilitätsdiagramm nach Graule et al. zeigt Abbildung 2-13 [213].

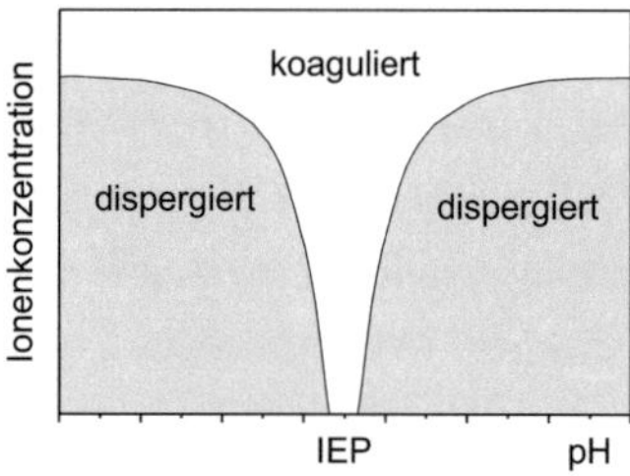

Abbildung 2-13: Schematische Darstellung der Suspensionsstabilität als Funktion des pH-Wertes.

2.5.2 Grundlagen des Sol-Gel-Prozesses

Prinzipiell dient das Sol-Gel-Verfahren der Herstellung nichtmetallischer, anorganischer Materialien, wobei das anorganische Material über eine flüssige bzw. gelartige Zwischenstufe erhalten wird. Ausgenutzt wird dabei die Eigenschaft von speziell ausgewählten Edukten, unter bestimmten Bedingungen -ähnlich zur Herstellung organischer Polymere- Vernetzungsreaktionen einzugehen. Meist geschieht die Vernetzung durch Hydrolyse löslicher Edukte und nachfolgende Kondensation, wobei die ursprüngliche Lösung über ein kolloides Sol in ein amorphes Gel überführt wird. Bei hydrolisierbaren metallorganischen Verbindungen entstehen in einem ersten Hydrolyseschritt Metallhydroxidverbindungen, bei denen Alkoholreste durch OH-Gruppen des Wassers ersetzt werden [214]:

$$M(OR)_4 + nH_2O \rightarrow M(OR)_{4-n}(OH)_n + nROH$$

wobei R = Alkyl und OR = hydrolisierbare Gruppen sind, die während der Reaktion abgespaltet werden.

Eine ganz oder teilweise ablaufende Hydrolyse führt zu einem monomeren oder oligomeren Sol, welches durch Kondensationsreaktionen zum Gel umformiert wird, was durch die Ausbildung anorganischer Polymerstrukturen gekennzeichnet ist:

$$(OR)_3MOH + OHM(OR)_3 \rightarrow (OR)_3MOM(OR)_3 + ROH$$

$$(OR)_3MOR + OHM(OR)_3 \rightarrow (OR)_3MOM(OR)_3 + H_2O$$

Alle drei Reaktionen sind Gleichgewichtsreaktionen, die durch Prozessparameter wie Temperatur, Dosierrate, Rührgeschwindigkeit und besonders durch den pH Wert beeinflusst werden können, wodurch unterschiedliche Strukturen entstehen. Im Beispiel SiO_2 aus alkoholischer TEOS-Lösung[1] verlaufen die Kondensationsreaktionen im basischen Bereich Diffusionsratenkontrolliert über ein „Monomer-Cluster-Wachstum", während sich im sauren Milieu bevorzugt offene, verzweigte Nano-Partikel über ein diffusionskontrolliertes „Cluster-Cluster-Wachstum" ausbilden [215]. Die Einsatzgebiete der Sol-Gel-Verfahren sind nicht nur auf Filme beschränkt. Es lassen sich auch Fasern, dichte Materialien und Pulver synthetisieren. Einen prinzipiellen Überblick gibt Abbildung 2-14:

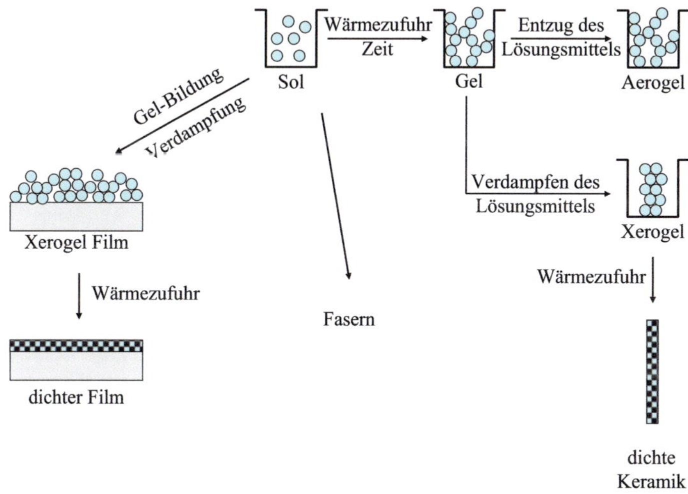

Abbildung 2-14: Überblick über den Sol-Gel-Prozess und dessen Applikationsmöglichkeiten [214].

---

[1] TEOS: Tetraethylorthosilikat, $Si[OR]_4$ mit $R = C_2H_5$. TEOS ist ein gebräuchlicher SiO_2-Precursor zur Erzeugung kolloidaler Sol-Gel-Systeme. Eine der bekanntesten Arbeiten geht auf Stöber et al. zurück, der die Herstellung von SiO_2 Hohlkugeln mit monomodaler Partikelgrößenverteilung im μ-Maßstab beschreibt. Siehe: Stöber, W., Fink, A. und Bohn, E.: Controlled growth of monodisperse silica spheres in the micron size range. J. Colloid. Interface Sci., 26 [1], 62-69, 1968.

2.5.3 Schichtbildung

Nachdem die Basis zur Beschichtung durch eine geeignete Suspensionsstabilisierung geschaffen ist, folgen die eigentlichen Prozessschritte der Tauchbeschichtung. Ungeachtet, ob die Beschichtung durch Tauchen in eine stabilisierte Partikelsuspension oder mittels Sol-Gel Verfahren aufgebracht wird, ist es selbstverständlich, dass das vollständige Eintauchen zur kompletten Bedeckung des Substrates erforderlich ist. Die eigentliche Bildung des deckenden Films geschieht beim Herausnehmen des Substrates aus der Dispersion.

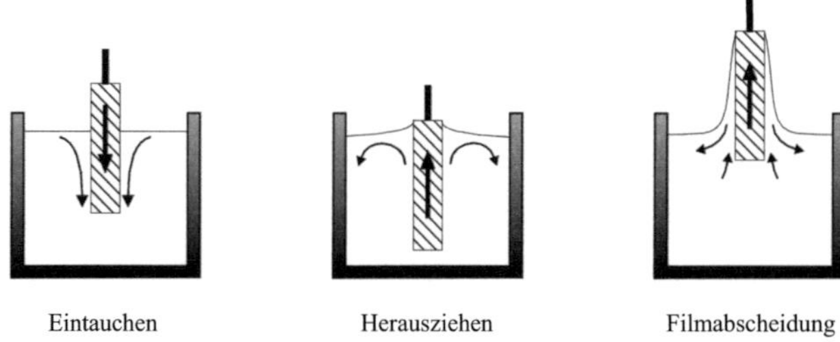

Abbildung 2-15: Verfahrenschritte beim Tauchbeschichten.

Zieht man das Substrat mit konstanter Geschwindigkeit aus der Flüssigkeit, wird diese in einer Grenzschicht als Film auf der Oberfläche mitgenommen. Bei konstanten Parametern der Beschichtungsdispersion und planaren Substraten hängt die Schichtdicke direkt von der Ziehgeschwindigkeit ab. Prinzipiell werden dicke Schichten bei schnellen Ziehgeschwindigkeiten und dünne Schichten bei langsamen Ziehgeschwindigkeiten erhalten. Verantwortlich dafür sind Massenträgheit sowie Kohäsionskräfte der Beschichtungsflüssigkeit und das Benetzungsverhalten [216]. Für einen Sol-Gel Tauchbeschichtungsprozess ist die Entwicklung der Schicht und ihrer Struktur in Abbildung 2-16 gezeigt. Beim partikelsuspensionsbasierten Dip-Coating sind die Verhältnisse, bis auf die durch Kondensationsreaktionen hervorgerufene Gelierung, vergleichbar.

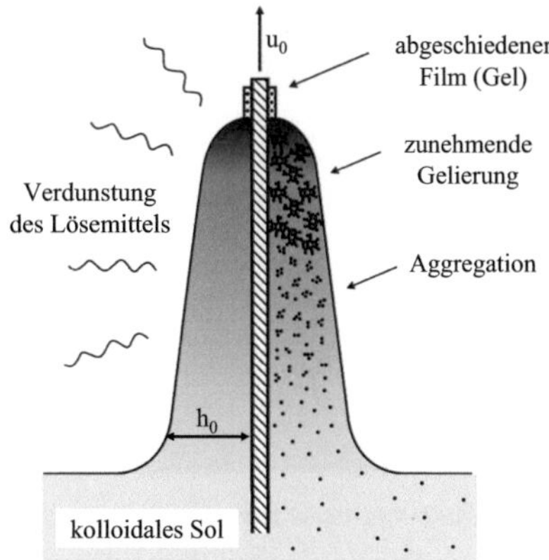

Abbildung 2-16: In der schematischen Darstellung eines Sol-Gel dip coating Prozesses sind die Stufen der Schichtentwicklung - Bildung, Verdunstung und fortschreitende Kondensationsreaktionen - dargestellt. Die Schichtdicke h₀ gilt für die Stelle, an der der Film durch das Herausziehen aus der Flüssigkeit vollständig gebildet ist aber weder Verdunstung noch Kondensationsreaktionen die Schichtdicke beeinflussen [214].

Die Dicke der Grenzschicht h_0 lässt sich nach Landau und Levich für den Fall konstanter, mittlerer Geschwindigkeiten u_0 und niedriger Viskositäten η der Beschichtungsflüssigkeit entsprechend Gleichung 2-4 angeben [217]:

Gleichung 2-4
$$h_0 = 0{,}94 \frac{(\eta \cdot u_0)^{2/3}}{\gamma_{LG}^{1/6} \sqrt{\rho \cdot g}}$$

Zusätzlich gehen in diese Gleichung die Gravitationskraft $(\rho \cdot g)$ und die Oberflächenspannung (γ_{LG}) an der Grenzfläche Flüssigkeit/Gas ein.

Sowohl bei einer Partikelsuspension, als auch beim Tauchen in die Sol-Gel Dispersion, schrumpft der an der Substratoberfläche haftende Film aufgrund fortschreitender Trocknung. Zusätzlich findet beim Sol-Gel-Prozess eine fortschreitende Gelierung statt, bis das Gel eine feste Struktur einnimmt. Bei Partikelsuspensionen führt die Trocknung zu einer Umlagerung und Annäherung der dispergierten Partikel [218]. Geschieht dies zu schnell oder sind die abgeschiedenen Schichten vergleichsweise dick, kann es bei beiden Systemen zur Rissbildung kommen [219]. Die Stufen der Trocknung lassen sich in drei Stufen einteilen [196]. Die erste Stufe ist durch eine konstante Trocknungsrate gekennzeichnet, die alleine durch die Umgebungsverhältnisse bestimmt wird. Die Flüssigkeit wird dabei durch Kapillarkräfte an die Oberfläche befördert, wo die Verdunstung stattfindet. Die zweite Stufe setzt ein, wenn nicht mehr genügend Flüssigkeit an die Oberfläche transportiert werden kann, wie dort trocknen könnte. Die Verdunstung findet nun an den verbliebenen Menisken an den Partikeln und deren Berührungspunkte statt, wodurch sie in die Schicht zurückgedrängt werden. Im letzten Schritt der Trocknung liegen nur noch verteilte Flüssigkeitströpfchen isoliert zwischen den Partikeln vor. Der Stofftransport läuft nun über die Gasphase in den Partikelzwischenräumen, sofern diese Kanäle mit der freien Oberfläche verbunden sind [196]. Bei der Trocknung von Sol-Gel Schichten werden letztgenannte Stufen zusammengefasst und als ein einzelner Mechanismus beschrieben, da sie einerseits sehr ähnlich sind und andererseits hier keine so großen Kolloide vorliegen, dass es zu nennenswerten, isolierten Flüssigkeitsrückständen kommt [214].

Beim Flüssigkeitstransport durch den abtrocknenden Film entstehen aufgrund der Kapillarkräfte Druckgradienten in der Schicht. Die Kapillarkräfte P_{Kap} lassen sich nach Brinker et al. unter Kenntnis des charakteristischen Porenradius r_P, der Oberflächenspannung γ_{LG} und des Kontaktwinkels ϑ (an der Grenzfläche Flüssigkeit/Gas des sich in die Pore zurückziehenden Meniskus) anhand Gleichung 2-5 berechnen [220]:

Gleichung 2-5 $$P_{Kap} = 2\frac{\gamma_{LG}}{r_P}\cos\vartheta$$

Für $\vartheta < 90°$ wirkt dabei eine Zugkraft auf die Flüssigkeit, wodurch der Film zusammengezogen wird. Diese Kraft ist am größten, wenn die Trocknung in die zweite Stufe eintritt und der Meniskus gerade ausgebildet wird. Darum ist der Beginn dieses Stadiums hinsichtlich der Rissbildung am kritischsten [220].

Nach Smith et al. gilt zudem, dass der charakteristische Porenradius r_P durch den hydraulischen Radius, der entsprechend Gleichung 2-6:

Gleichung 2-6
$$r_h = 2\frac{(1-\Phi)}{A_S\Phi\rho}$$

definiert ist, angenähert werden kann [221]. Hierin sind Φ der Volumenanteil der kolloidalen Partikel in der Suspension, A_S die spezifische Partikeloberfläche und ρ die Dichte des Suspensionsmediums. Unter Anwendung des Darcy-Gesetzes, welches besagt, dass der Flüssigkeitsmengenstrom J proportional zum Druckgradienten $\delta P/\delta x$ ist, folgt:

Gleichung 2-7
$$J = -\frac{D}{\eta_0}\frac{\delta P}{\delta x}, \quad \text{mit } D = \frac{(1-\Phi)^3}{5(A_S\Phi\rho_S)^2}$$

Hierin sind η_0 die Viskosität des Suspensionsmediums, D die Permeabilität der Schicht und ρ_S die Dichte der kolloidalen Partikel [196]. Kombiniert man entsprechend Lewis et al. die Ergebnisse der Arbeiten von Chiu et al. [222] und Cima et al. [223], lässt sich aufbauend auf den Kapillarkräften, den hervorgerufenen Druckgradienten und dem Flüssigkeitsstrom eine charakteristische Länge l_{Kap} einführen, über welche der durch Kapillarkräfte hervorgerufene Flüssigkeitstransport beim Trocknen stattfindet [196]:

Gleichung 2-8
$$l_{Kap} = \sqrt{\frac{2\cdot x_0\cdot(\Delta P)\cdot(1-\Phi)^3}{5\cdot V_E\cdot\eta_0\cdot(A_S\cdot\Phi\cdot\rho_S)^2}}$$

Neben den bereits eingeführten Variablen gehen in Gleichung 2-8 die Schichtdicke x_0, die unter Anwendung von Gleichung 2-5 zu bestimmende Druckdifferenz ΔP sowie die Trocknungsrate V_E ein. Es wird nun ersichtlich, dass eine Verringerung der Trocknungsrate sowie eine niedrigere Viskosität, oder eine Erhöhung des initialen Feststoffanteils zu höheren l_{Kap} führen. Ist nämlich l_{Kap} deutlich kleiner als die Schichtdicke, so dringt die Trocknungsfront planar in die Schicht ein, was zu starken Spannungen führt. Im umgekehrten Fall, also bei $l_{Kap} > x_0$, breitet sich die die Trocknungsfront unregelmäßig aus, wodurch sich die entstehenden Spannungen besser verteilen und die Schicht weniger rissanfällig ist. Für Schichten, die durch Tauchbeschichtung in stabilisierten Partikelsuspensionen ohne Zusatz von Binder erhalten wurden, gilt, dass die maximal rissfrei erzielbare Schichtdicke linear mit der Partikelgröße abnimmt [219]. Auch spielt, nach den Ergebnissen von Chiu et al., die Verringerung der Trocknungsrate erstaunlicherweise nur eine untergeordnete Rolle: Erst bei Trocknungsgeschwindigkeiten die so niedrig waren, dass es zuvor zur Sedimentation kam, konnten Risse verhindert werden. Sie folgern, dass die kritische Schichtdicke durch größere Partikel, flockulierte Suspensionen oder durch eine zuvor erfolgte Sedimentation vergrößert werden kann [219]. Da die Porengröße in der Schicht mit den Partikelgrößen korreliert, hängen davon auch die Kapillarkräfte ab. So lässt sich auch erklären, weshalb flockulierte Systeme weniger Rissanfällig sind. Hier sind schlicht die Kapillarkräfte, aufgrund größerer Poren, kleiner, weshalb die Schicht durch geringere Spannungen beansprucht wird.

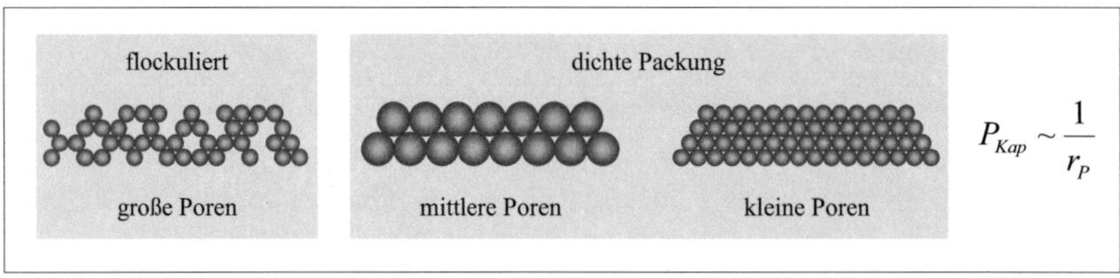

Abbildung 2-17: Schematische Darstellung der Porengröße einer partikullären Schicht bei unterschiedlicher Packungsdichte bzw. variierter Partikelgröße. Abnehmende Porenradien r_P führen aufgrund steigender Kapillardrücke P_{Kap} zu höheren Spannungen in der Schicht.

Bei Sol-Gel Schichten gibt es ebenfalls eine kritische Schichtdicke, die, entsprechend allgemein gefundenen Zusammenhängen, im Bereich von 500 nm bis 1 μm liegt [214]. Unterhalb dieser Größe reisen diese Filme praktisch nicht, obwohl die biaxialen Zugspannungen in der Schicht in der Größenordnung der Kapillarkräfte liegen [214]. Eine Erklärung für die gute Haftung ist in der Annahme begründet, dass bei einer Temperaturbehandlung chemische Bindungen zwischen Substrat und Schicht ausgebildet werden können. Dies ist schematisch in Abbildung 2-18 gezeigt:

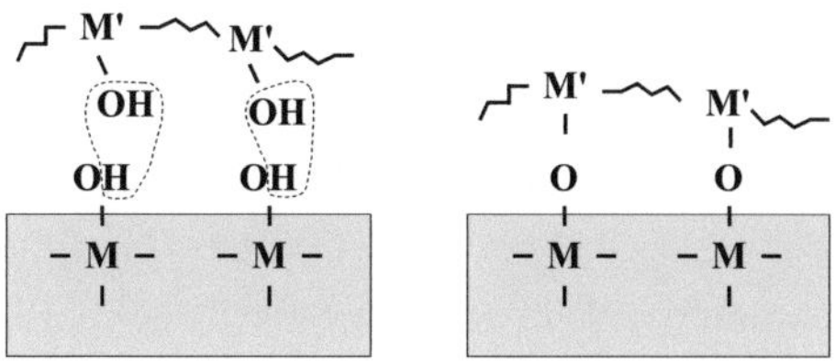

Abbildung 2-18: Ausbildung einer chemischen Bindung (Metalloxan-Bindung) zwischen Beschichtung und Substrat [224].

Bei gut haftenden Schichten, wie dies bei Sol-Gel Schichten üblicherweise der Fall ist, kann die kritische Schichtdicke für das Entstehen von Defekten nach Evans et al. berechnet werden [225]:

Gleichung 2-9

$$x_{krit} = \left(\frac{K_{IC}}{\sigma \cdot \Omega} \right)^2$$

Nach Gleichung 2-9 hängt die kritische Schichtdicke x_{krit} vom kritischen Spannungsintensitätsfaktor K_{IC} und der Spannung σ in der Schicht, sowie von dem dimensionslosen Parameter Ω, in den unter anderem das Verhältnis der E-Moduln aus Schicht und Substrat eingehen, ab. Für typische Gele ist Ω etwa 1, während spröden Schichten höhere Werte, beispielsweise für ZnO oder Si ungefähr 1,5, zuzuordnen sind [225]. Nach der linear elastischen Bruchmechanik kommt es zur Rissausbreitung, wenn durch Spannungsabbau in einem zur Fehlstelle proportionalen Volumen mehr Energie frei wird, als zur Schaffung neuer Rissufer benötigt wird. Nach Untersuchungen von Thouless et al. steigt die mögliche Energiefreisetzungsrate proportional mit der Schichtdicke. Im Umkehrschluss stützten diese Ergebnisse die Aussage, dass dünne Filme weniger rissanfällig sind, da der Spannungsabbau durch das Erzeugen eines Risses energetisch umso ungünstiger wird, je dünner der Film ist [226]. Allerdings lässt sich diese Aussage nur schwer quantifizieren, da Schichten und dünne Filme während des Trocknens viskoelastisches Verhalten zeigen, wodurch sie nur unzulänglich mittels linear elastischer Ansätze beschreibbar sind. Zusätzlich ist die Bestimmung von Risszähigkeiten experimentell schwer zugänglich [214]. Aufgrund der zumindest qualitativen Beschreibung des Zusammenhangs aus Kapillarkräften, Spannungen in der Schicht und den Eigenschaften wie Bruchzähigkeit und Elastizitätsmodul, lassen sich einige globale Forderungen aufstellen, um Rissentstehung und –wachstum zu vermeiden. Dazu tragen ein möglichst hoher K_{IC} sowie ein geringer E-Modul der Schicht bei [214,220,226]. Dies ist bei Sol-Gel-Prozessen durch eine Modifikation der Precursoren erreichbar, was zu geänderten Vernetzungsgeschwindigkeiten und Vernetzungsgraden führt, oder bei Partikelsuspensionen durch den Einsatz von Bindern, die die Steifigkeit der Schicht herabsetzen und ihr eine höhere Flexibilität verleihen [223,227,228]. Außerdem ist es sinnvoll den Flüssigkeitsanteil zu reduzieren, das Trocknen langsam zu gestalten und die Schichtdicke möglichst gering zu halten, wobei letzteres die Rissentstehung am deutlichsten reduziert [196,200,214,218-220,222,223,225,226].

2.6 Zielsetzung der Arbeit

Wie bereits dargelegt, eignet sich Cordierit aufgrund des niedrigen thermischen Ausdehnungskoeffizienten, den relativ guten mechanischen Eigenschaften bei erhöhten Temperaturen und insbesondere wegen der Thermoschockbeständigkeit als Material für Dieselpartikelfilter. Aus technischer und wirtschaftlicher Sicht werden diese positiven Eigenschaften durch günstige Herstellungskosten begleitet, die es erlauben, mit serientauglichen Produktionsverfahren Filter mit hoher Filtrationseffizienz herzustellen Allerdings verbleibt ein wesentlicher Nachteil, der dem Einsatz cordieritbasierter Dieselpartikelfilter entgegensteht: Der im Fahrbetrieb akkumulierte Ruß muss regelmäßig durch eine aktive Regeneration abgereinigt werden, wodurch je nach Rußbeladung und wegen der niedrigen Wärmekapazität und -leitfähigkeit Temperaturspitzen über 1100 °C auftreten können. Aufgrund zahlreicher Reaktionen, die bei erhöhten Temperaturen in Anwesenheit von Öl- und Additivaschen, Abrieb und anderem korrosivem Abgaskondensat ablaufen, kann es zu irreversiblen Schädigungen bis hin zum Totalausfall des Rußpartikelfilters kommen.

Daher soll in dieser Arbeit eine Schutzschicht entwickelt werden, die die bei der Filterregeneration durch Partikel aus Ruß und Ölaschen hervorgerufenen Schädigungen soweit reduziert, dass Festigkeit und Thermoschockbeständigkeit des Rußpartikelfilters über die gesamte Betriebsdauer nicht unzulässig reduziert werden. Für die Beschichtung sind Stoffsysteme geeignet, die entweder als Diffusionsbarriere wirken oder durch ihre Getterwirkung die schädlichen Bestandteile vom Wabenkörper fernhalten. Gleichzeitig dürfen potentielle Schutzschichtmaterialien über die gesamte mögliche Einsatztemperatur des Filters nicht zu schädigenden Reaktion mit dem Substratwerkstoff führen. Nach der Identifikation aussichtsreicher Stoffsysteme mit an das Substrat angepassten Eigenschaften soll ein geeignetes Beschichtungsverfahren zur Innenbeschichtung mikroporöser Körper entwickelt werden. Zu untersuchen sind hierfür im Wesentlichen zwei Ansätze: Eine Beschichtung über eine partikelgefüllte Suspension und das Beschichten über eine Sol-Gel-Route. Allerdings existiert nach derzeitigem Kenntnisstand bisher kein Tauchbeschichtungsverfahren, das für eine Beschichtung tortuoser Porenkanäle mit Porenweiten im Mikrometerbereich entwickelt wurde bzw. für derartige Aufgabestellungen eingesetzt wird. Daher nimmt in dieser Arbeit die Erarbeitung eines derartigen Verfahrens eine zentrale Stellung ein.

3 Experimentelle Vorgehensweise

Die Vorgehensweise zur Herstellung geeigneter Schutzschichten ist ein mehrstufiger Prozess. Zunächst werden die verwendeten Substrate und die Modellasche, die zur Simulation der realen Filterbeladung herangezogen wird, vorgestellt. Anschließend werden die Experimente erläutert, die zur Bewertung potentieller Materialien hinsichtlich ihrer Ascheresistenz führen. Darauf aufbauend erfolgen die Versuche zur Ermittlung der Verträglichkeit des Verbundes aus Schutzschichtmaterial und Cordierit. Sind beide Vorraussetzungen erfüllt - eine ausreichende Resistenz gegen Asche sowie eine hohe Verträglichkeit mit Cordierit - folgt die Hauptaufgabe dieser Arbeit, die Entwicklung einer Methodik zur Innenporenbeschichtung mikroporöser Cordierite und die Quantifizierung der Wirksamkeit. Die hierfür durchgeführten Experimente und Analysemethoden werden in diesem Kapitel abschließend vorgestellt.

3.1 Verwendete Ausgangsmaterialien

3.1.1 Cordieritsubstrate

Die eingesetzten Cordieritsubstrate wurden im Rahmen des Projektes CorTRePa vom Hermsdorfer Institut für Technische Keramik e. V. (HITK, Hermsdorf) in zwei Probenformen zur Verfügung gestellt. Es handelt sich dabei um ca. 0,8 mm dicke Tabletten mit einem Radius von ca. 10 mm, sowie um Stäbchen. Die Stäbchen besitzen eine zu Wabenkörpern entsprechende Kanalstruktur. Ihre Abmaße sind: Länge ca. 55 mm, Höhe und Breite jeweils 3 Kanäle bzw. Zellen mit insgesamt ca. 6,5 mm Kantenlänge. Beide Probengeometrien wurden aus Versätzen vergleichbarer Zusammensetzung extrudiert und mit identischen Sinterparametern gesintert, sodass die Eigenschaften möglichst einheitlich sein sollten. Nach Herstellerangaben beträgt die mittlere Porengröße der gelieferten Substrate 18 ± 2 µm, die offene Porosität 46 ± 3 % und der thermische Ausdehnungskoeffizient $0{,}95 \pm 0{,}1 * 10^{-6}\,K^{-1}$. Somit sind die Eigenschaften vergleichbar zu üblichen DPF (vgl. Kapitel 2.3).

Zusätzlich wurde vom HITK Cordierit als Pulver geliefert. Dieses Pulver wurde aus zermahlenen extrudierten Wabenkörpern hergestellt und dient der Synthese eigener Cordieritsubstrate mit variierender Porosität. Hierfür wurden zwei Sinterverfahren angewandt: konventionelles Sintern trockengepresster Grünkörper im Kammerofen sowie Sintern von Pulverschüttungen in einer Graphitmatrize mittels FAST.

Kammerofen:

Die verwendeten Grünkörper wurden mittels Axialpresse (25 MPa, 30 s) und anschließender Isostatpresse (400 MPa, 30 s) zu Tabletten mit einem Durchmesser von ca. 10 mm vorverdichtet. Das Sintern erfolgte in einem Kammerofen (Modell HAT 04/17, Nabertherm GmbH, Lilienthal), wobei das mehrstufige Sinterprogramm vom HITK übernommen wurde:

$3\,°C/min \rightarrow 1000\,°C \rightarrow 1{,}5\,°C/min \rightarrow 1150\,°C,\ 10\,h \rightarrow 0{,}5\,°C/min \rightarrow 1400\,°C,\ 6\,h \rightarrow 5\,°C/min \rightarrow$ Raumtemperatur.

Kriechapparatur:

Die drucklos an Luft hergestellten Proben wurden teilweise in einer Prüfanlage (Modell Amsler DSM6101), die eigentlich zur Untersuchung des Kriechverhaltens bestimmt ist, nachverdichtet. Dies geschah in einem Temperaturbereich von 1350 °C bis 1400 °C unter Lasten von 0,5 bis 5 MPa für Prozesszeiten von ein bis drei Tagen.

FAST:

Die Konsolidierung von Cordierittabletten hoher relativer Dichte erfolgte mittels FAST (Modell HPD-25/1, FCT Systeme GmbH, Rauenstein) bei 1350 °C mit einer Heizrate von 200 °C/min und einer Haltezeit von 10 min unter uniaxialem Druck von 23,8 MPa in einer zylindrischen Graphitmatrize (d = 40 mm).

3.1.2 Substrate aus potentiellen Schutzschichtmaterialien

Zur Bewertung des Schädigungsverhaltens potentieller Schutzschichtmaterialien durch einen Ascheangriff bei erhöhten Temperaturen (bis 1200 °C), mussten diese Materialien erst beschafft bzw. eigens hergestellt werden. Neben TiO_2 und Mullit, siehe Kapitel 2.4, wurde die Stoffgruppe der NZP als besonders aussichtsreich identifiziert. Der Hinweis aus der Literatur auf eine mögliche Beständigkeit gegen korrosive Medien, sowie ein zum Basismaterial Cordierit ähnlicher thermischer Ausdehnungskoeffizient mit möglichst geringer Anisotropie, waren die Auswahlkriterien. Folgende Materialien wurden zur Herstellung ausgesucht:

Material	Synthese	thermischer Ausdehnungskoeffizient α				
		$\alpha_a = \alpha_b$ [10^{-6} K^{-1}]	α_c [10^{-6} K^{-1}]	$\Delta\alpha_{max}$ [10^{-6} K^{-1}]	α_{bulk} [10^{-6} K^{-1}]	Messbereich [°C]
$NaZr_2(PO_4)_3$	Sol-Gel	-4,84	19,43	24,27	-4,55	22-1000
$CsZr_2(PO_4)_3$	Sol-Gel	0,29	0,64	0,35	0,96	23-1000
$MgZr_4(PO_4)_6$	Sol-Gel	0,42	0,59	0,17	2,30	25-500
$CaZr_4(PO_4)_6$	Sol-Gel	-1,1	7,37	8,47	0,25	29-1000
$SrZr_4(PO_4)_6$	Sol-Gel	2,5	2,04	0,27	2,62	RT-800
$CaSrZr_8(PO_4)_{12}$	Kommerziell [*]	-0,7	1,1	1,8	1,4	RT-500
$Ba_5Zr_{16}P_{22}Si_2O_{96}$	Kommerziell [**]	1,42	1,28	0,14	n. g.	RT-900
$RbTi_2(PO_4)_3$	Festkörpersynthese	1,88	3,15	1,27	2,15	28-1000
$SrTi_4(PO_4)_6$	Festkörpersynthese	14,04	-1,83	15,87	4,28	25-1000
$BaTi_4(PO_4)_6$	Festkörpersynthese	3,73	1,37	2,36	2,40	28-1000
$LaTi_6(PO_4)_9$	Festkörpersynthese / Sol-Gel [*]	-0,1	0,7	0,8	n. g.	RT-800

Tabelle 3-1: Synthetisierte Materialien aus der Gruppe der NZP. Die Werte für α_{bulk} beziehen sich auf Dilatometermessungen, die Werte für α_a, α_b und α_c sind aus Hochtemperatur-XRD-Analysen gewonnen. $\Delta\alpha_{max}$ ist die rechnerische Anisotropie. Ist nichts anderes angegeben, stützen sich die Literaturwerte auf Proben, die entsprechend der in der Tabelle genannten Herstellungsmethode synthetisiert wurden; abweichend hiervon * Sol-Gel-Verfahren, ** Pulversynthese. Alle Werte nach [181].

Für die Synthese nach dem Sol-Gel-Verfahren werden als Ausgangstoffe wasserlösliche Nitrate der verschiedenen Alkali- und Erdalkalimetalle eingesetzt, siehe Tabelle 3-2. Wässrig gelöstes $ZrOCl_2$ liefert das Zirkonium.

Edukte			Produkte
Kationenquelle		Anionenquelle	
$NaNO_3$ reinst, Merck	$ZrOCl_2 * 8H_2O$ $\geq$ 99%, Merck	$NH_4H_2PO_4$ $\geq$ 99%, Merck	$NaZr_2(PO_4)_3$
$CsNO_3$ 99,8 %, Alfa Aeser	$ZrOCl_2 * 8H_2O$ $\geq$ 99%, Merck	$NH_4H_2PO_4$ $\geq$ 99%, Merck	$CsZr_2(PO_4)_3$
$Mg(NO_3)_2*6H_2O$ <99%, Merck	$ZrOCl_2 * 8H_2O$ $\geq$ 99%, Merck	$NH_4H_2PO_4$ $\geq$ 99%, Merck	$MgZr_4(PO_4)_6$
$Ca(NO_3)_2*4H_2O$ <99%, Merck	$ZrOCl_2 * 8H_2O$ $\geq$ 99%, Merck	$NH_4H_2PO_4$ $\geq$ 99%, Merck	$CaZr_4(PO_4)_6$
$Sr(NO_3)_2$ $\geq$99%, Merck	$ZrOCl_2 * 8H_2O$ $\geq$ 99%, Merck	$NH_4H_2PO_4$ $\geq$ 99%, Merck	$SrZr_4(PO_4)_6$

Tabelle 3-2: Eingesetzte Verbindungen zur Sol-Gel-Synthese der gewünschten Produkte.

Beide Lösungen wurden im stöchiometrischen Verhältnis gemischt. Anschließend wurde unter konstantem Rühren das Anion über wässrig gelöstes $NH_4H_2PO_4$ zugegeben, wodurch die Gelbildung eingeleitet wird. Nachdem das entsprechende Gel vorlag, wurde es bei 80 °C und bei 400 °C für jeweils 24 h getrocknet. Anschließend wurden die Pulver zerkleinert und schließlich bei 900 °C für 24 h kalziniert.

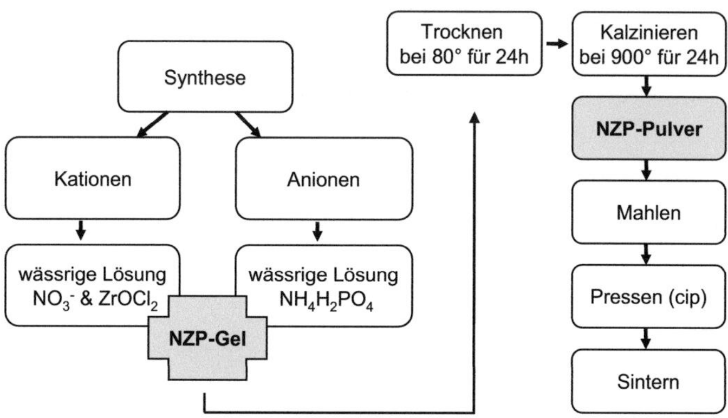

Abbildung 3-1: Schematische Darstellung der Pulversynthese mittels Sol-Gel-Verfahren.

Beim Verfahren über die Pulverroute werden die Bestandteile ebenfalls, bezogen auf das gewünschte Produkt, im stöchiometrischen Verhältnis gemischt, in Aceton homogenisiert und schrittweise bis 1000 °C kalziniert. Auch hier wurden die Pulver zwischen den einzelnen Stufen zerkleinert. Die eingesetzten Materialien sind in Tabelle 3-3 aufgelistet.

Edukte		Produkte
Kationenquelle	Anionenquelle	
RbNO₃ 99% Alfa TiO₂, 99,7 % Tr-HP-2, Tronox	NH₄H₂PO₄ ≥ 99%, Merck	RbTi₂(PO₄)₃
Sr(NO₃)₂ ≥ 99%, Merck TiO₂, 99,7 % Tr-HP-2, Tronox	NH₄H₂PO₄ ≥ 99%, Merck	SrTi₄(PO₄)₆
Ba(NO₃)₂ ≥ 99%, Merck TiO₂, 99,7 % Tr-HP-2, Tronox	NH₄H₂PO₄ ≥ 99%, Merck	BaTi₄(PO₄)₆
La(NO₃)₃*6H₂O 99%, Alfa TiO₂, 99,7 % Tr-HP-2, Tronox	NH₄H₂PO₄ ≥ 99%, Merck	LaTi₆(PO₄)₉

Tabelle 3-3: Eingesetzte Verbindungen zur Synthese der gewünschten Produkte über Festkörperreaktionen.

Nach dem jeweils letzten Kalzinierungsschritt wurden die synthetisierten Pulver in einer Planetenkugelmühle (Pulverisette 5, Fritsch GmbH, Idar-Oberstein) gemahlen. Zur Herstellung gesinterter Substrate wurden die einzelnen Pulver, vergleichbar zur Herstellung der Cordierit-Presslinge, zu Grünkörpern vorverdichtet. Die Sinterung erfolgte im Kammerofen bei 1400 °C, Heizrate 5 °C/min und 6 h Haltezeit. Die Ausbildung der Phasen wurde nach der Kalzinierung und nach dem Sintern mittels XRD (D500, Siemens AG, München) verfolgt. Zusätzlich wurde mittels He-Pyknometrie die Pulverdichte und nach dem Auftriebsverfahren nach Archimedes die Dichte der gesinterten Proben bestimmt.

3.2 Untersuchungen zu durch Modellasche hervorgerufenen Schädigungen an potentiellen Schutzschichtmaterialien

Zur Untersuchung des Schädigungsausmaßes musste zunächst eine geeignete Aschezusammensetzung ermittelt werden. Dazu wurden im Rahmen des CorTRePa-Projekts Elementanalysen an Aschen aus Filtern von Motorprüfständen durchgeführt. Aus den daraus gewonnen Erkenntnissen ließ sich folgende Zusammensetzung, siehe Tabelle 3-4, ableiten:

Eingesetzte Phase	Anteil in Masse-%
$Ca_3(PO_4)_2$	23,12
$CaSO_4$	3,77
Cr_2O_3	1,51
CuO	1,01
Fe_2O_3	8,05
K_2CO_3	1,48
$MgSO_4$	24,09
$NaCl$	5,70
PbO	0,51
SiO_2	21,19
$Zn_3(PO_4)_2$	9,57

Tabelle 3-4: Zusammensetzung der verwendeten Modellasche nach Maier [135].

Um die Schädigungen zu quantifizieren, die durch die Asche bei erhöhten Temperaturen hervorgerufen werden, wurden Verbunde aus Asche und potentiellem Beschichtungsmaterial in einem Rohrofen bei 1200 °C für 30 min ausgelagert, siehe Abbildung 3-2. Die Heiz- und Abkühlrate betrug jeweils 15 °C/min. Da der Rohrofen horizontal aufgebaut ist, konnte einerseits die Probentemperatur mittels Pyrometer überwacht und andererseits der komplette Versuch visuell beobachtet werden.

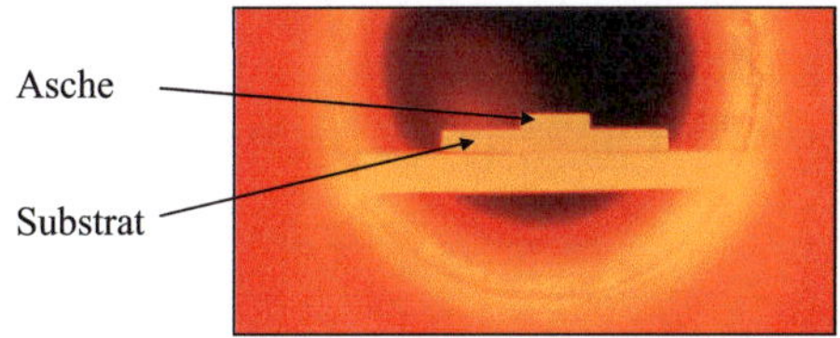

Abbildung 3-2: Thermische Auslagerung bei 1200 °C zur Ermittlung der korrosiven Schädigung.

Um sicherzustellen, dass der Kontakt aus Asche und Substrat bei jedem Versuch vergleichbar ist, wurden auf die geschliffenen Substratoberflächen definierte Aschetabletten aufgelegt. Diese Tabletten (d = 8 mm) bestehen aus 1,5 mMol (entsprechend 0,1737 g) Modellasche, die bei 30 MPa verdichtet wurde. Als Substrate wurden die selbst synthetisierten und gesinterten NZPs und die Cordierite mit unterschiedlicher Porosität eingesetzt.

Die Quantifizierung der Schädigung erfolgte über die Schädigungstiefe, weshalb von den Proben Querschliffe angefertigt wurden, siehe Abbildung 3-3. Damit die Asche bei der Präparation nicht vom Substrat abgelöst wird, wurden die ausgelagerten Verbunde zunächst vorsichtig mit Einbettharz (EpoThin epoxy resin & hardener, Buehler GmbH, Düsseldorf) infiltriert. Nach dem Aushärten wurden die eingebetteten Proben gesägt und bis zu einer Korngröße von 0,25 µm mit Diamantpolitur poliert. Die angefertigten Schliffe wurden sowohl lichtoptisch als auch mittels REM ausgewertet und vermessen.

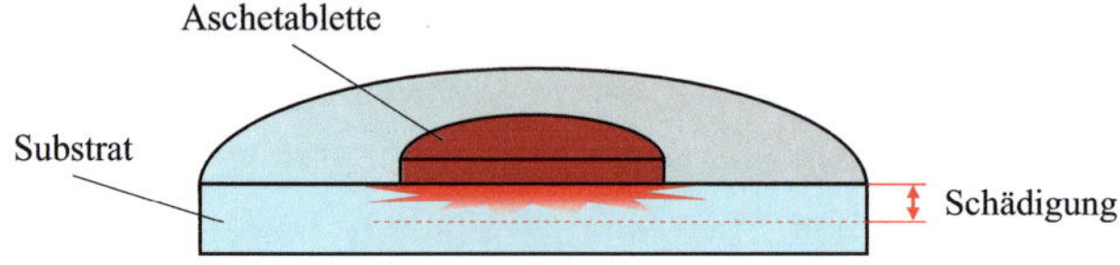

Abbildung 3-3: Querschliff an ausgelagerten Proben zur Ermittlung des Schädigungsausmaßes (Reaktionszone).

Zusätzlich wurden an ausgewählten Proben EDX-Analysen an verschiedenen Punkten über dem Querschnitt durchgeführt, deren Aussagen durch ortsaufgelöste XRD-Untersuchungen (D8, Bruker GmbH, Karlsruhe) verfolgt wurden.

3.3 Untersuchungen zur Verträglichkeit von Beschichtungsmaterial und Cordierit

Die Materialien, die im Vergleich zu Cordierit eine deutlich bessere Resistenz gegen die korrosiven Angriffe der Ascheschmelze zeigen, wurden für die weiteren Untersuchungen ausgewählt. Zur Charakterisierung ihrer Verträglichkeit mit dem eigentlichen Substratwerkstoff Cordierit wurden, vergleichbar zu den Versuchen unter Aschekontakt, thermische Auslagerungen durchgeführt. Tabletten aus nach Kapitel 3.1.2 hergestellten potentiellen Schutzschichtmaterialien wurden auf vom HITK gelieferte Cordierittabletten aufgelegt und für 30 min bei 1200 °C ausgelagert. Anschließend wurden Querschliffe angefertigt, um eventuelle Reaktionen zwischen Substrat und Beschichtungsstoff zu erfassen. Die Vorgehensweise ist analog zu Kapitel 3.2.

3.4 Entwicklung einer Beschichtungsmethodik zur Innenporenbeschichtung mikroporöser Cordieritsubstrate

Zur Beschichtung der offenporösen Cordierite sollte ein Tauchbeschichtungsverfahren eingesetzt werden. Prinzipiell kommt dafür Tauchen in eine Partikelsuspension oder eine Tauchbeschichtung mittels Sol-Gel-Verfahren in Betracht.

3.4.1 Tauchbeschichtung mit Partikelsuspensionen

Bevor Partikelsuspensionen hergestellt wurden, wurde zunächst das Zeta-Potential (DT1200, Dispersion Technology Inc., Bedford Hills, USA) als Funktion des pH-Wertes bestimmt, um den Bereich zu identifizieren, in dem eine elektrostatische Stabilisierung möglich sein sollte. Zur Herstellung der Suspensionen wurde dann die entsprechende Menge an synthetisiertem Ausgangspulver mit Hilfe eines Magnetrührers in ein Becherglas mit deionisiertem Wasser (gemessene Leitfähigkeit $< 0,8\ \mu S/cm$) eingerührt und durch Zugabe von 1 mol/l Salzsäure (HCl, Merck) bzw. durch 1 mol/l Tetramethylammoniumhydroxid (TMA, Merck) auf den gewünschten pH-Wert eingestellt. Die Suspensionen wurden dann für mindestens 24 Stunden auf einer Rollenbank homogenisiert und der pH-Wert nochmals kontrolliert und ggf. nachjustiert. Bevor die Suspensionen zur Tauchbeschichtung eingesetzt wurden, wurden sie unmittelbar vor dem Eintauchen der Substrate mittels Ultraschall redispergiert und anschließend auf etwa 50 mbar evakuiert, um restliche Luftblasen zu entfernen.

Die Cordieritsubstratte (HITK, Plättchenform) wurden vor dem Beschichtungsvorgang für 15 min in Isopropanol im Ultraschallbad gereinigt und im Vakuumtrockenschrank bei 100 °C über Nacht getrocknet. Die so vorbehandelten Substrate wurden dann in die Suspension eingetaucht. Sobald sie vollständig bedeckt waren, wurde erneut auf etwa 50 mbar evakuiert, damit die restliche Luft entweichen und sich die Poren komplett mit Suspension füllen konnten. Nach einer Tauchdauer von ca. 1 min wurden die Substrate aus der Suspension herausgenommen und im Klimaschrank bei 60 °C und 80 % rel. Luftfeuchtigkeit getrocknet.

Das beschichtete Filtermaterial wurde anschließend bei 1200 °C für zwei Stunden ausgelagert, um eine Verdichtung der Schicht und eine bessere Haftung auf dem Cordieritsubstrat zu erzielen.

3.4.2 Sol-Gel Tauchbeschichtung

Üblicherweise erfolgt eine Tauchbeschichtung mittels Sol-Gel-Verfahren durch Tauchen eines Substrates in eine Lösung (Sol), die bereits die gelbildenden Bestandteile enthält. Im Unterschied hierzu wurde in dieser Arbeit der übliche Prozess modifiziert, um ihn an die geforderte Aufgabe anzupassen. Wesentlicher Bestandteil des eingesetzten Verfahrens ist die Integration des Beschichtungsverfahrens in den Sol-Gel-Prozess, wie er zur Synthese von NZP-Pulvern eingesetzt wurde.

Als Substrate wurden Cordierit-Plättchen und 3x3 Zeller verwendet, die entsprechend Kapitel 3.4.1 vorbehandelt wurden. Diese wurden in die Anionenlösung eingetaucht und im Exikator bis ca. 50 mbar evakuiert. Sobald keine Blasenbildung mehr erkennbar war, wurde mittels Tropftrichter die Kationenlösung langsam zugegeben, wodurch die Gelformierung eingeleitet wurde.

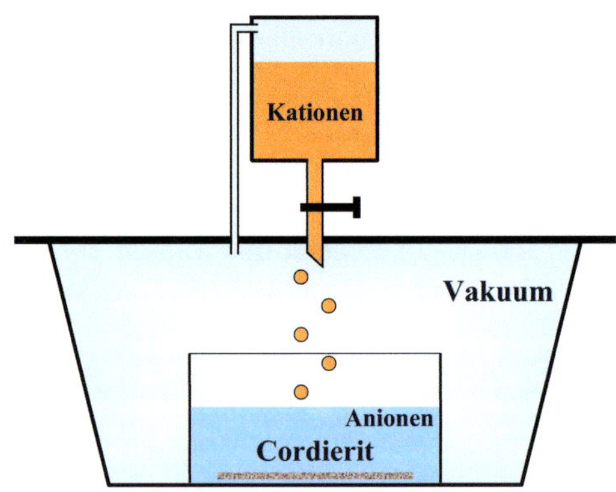

Abbildung 3-4: Schematischer Versuchsaufbau des modifizierten Sol-Gel-Prozesses zur Innenporenbeschichtung.

Erst nach dem die stöchiometrisch notwendige Menge zugetropft wurde, wurde der Exikator belüftet. Variiert wurden die Tauchdauer im sich formierenden Gel, die Konzentrationen der üblicherweise 1 N Lösungen sowie die Grundreagenzien. So wurde, um den Einfluss der Edukte auf das Beschichtungsergebnis einer $NaZr_2(PO_4)_3$-Schicht zu untersuchen, neben $NaNO_3$ alternativ $NaOH$ als Na-Quelle und statt $NH_4H_2PO_4$ auch H_3PO_4 als PO_4^{3-} Lieferant eingesetzt. Aber die prinzipielle Vorgehensweise wurde beibehalten, ungeachtet ob Plättchen oder Stäbchen beschichtet wurden.

Nach dem Herausnehmen der Substrate aus dem Gel wurden sie bei 1200 °C für 2 h geglüht. Anstatt einen dezidierten Kalzinationsschritt durchzuführen, wurde direkt, aber mit 1 °C/min vergleichsweise langsam, aufgeheizt. Die durch die Beschichtung hervorgerufene Massenänderung wurde aufgezeichnet. Außerdem wurden Querschliffe und Bruchflächen der beschichteten Proben im REM analysiert.

3.5 Quantifizierung der Schutzschichtwirksamkeit

Um auf die Wirksamkeit der Schutzschichten zu schließen und Aufschluss über die Stellgrößen des Beschichtungsverfahrens zu erhalten, wurden unterschiedlich beschichtete Proben mit definierter Menge an Modellasche beaufschlagt und einer zyklischen thermischen Belastung ausgesetzt. Anschließend wurden die Restfestigkeiten unbeschichteter und beschichteter geschädigter Substrate verglichen, wobei unbeschichtetes Cordierit als Referenz diente.

3.5.1 Aufbringen der Ascheschichten

Bei der Aufbringung der Ascheschicht auf die Filtermaterialien sollte gewährleistet werden, dass die Substrate nicht nur oberflächlich, sondern auch in den Porenkanälen im Substratinneren mit Aschebestandteilen in Kontakt kommen. Dadurch soll eine realitätsnahe Verteilung, wenn auch mit deutlich erhöhter Aschebeladung, realisiert werden. Hierfür wurde Modellasche in Isopropanol

(Massenverhältnis 1:1) dispergiert und das Substrat so oft durch Tauchen beschichtet, bis eine Aschebeladung entsprechend viermal 85 g Modellasche pro
Liter Filtervolumen erreicht wurde, was als worst case Beladung angenommen
wurde. In [92] wird von einer über das gesamte Filtervolumen gemittelten
Aschebeladung von ca. 76 g/l berichtet. Im Rahmen des Projektes CorTRePa
wurde für die gesamte Lebensdauer eines Filters (über 200.000 km Laufleis-
tung) eine Aschebeladung von 85 g/l angenommen, die im worst case Fall ver-
vierfacht wird: Nimmt man an, dass im Auslassbereich realer Filter die Aschekonzentration in etwa doppelt so hoch ist, wie im Einlassbereich und geht man
zusätzlich davon aus, dass an den der Zustromseite zugewandten Porenkanälen
eine zweifache Aschemenge abgelagert wird, so kann man die gemittelte
Aschekonzentration näherungsweise um Faktor vier erhöhen.

3.5.2 Thermozyklische Auslagerungen

Wie in Kapitel 2.2.2 beschrieben, werden bei so genannten worst case Regenerationen innerhalb kürzester Zeit Temperaturspitzen > 1100 °C erreicht. Das
schnelle Aufheizen und die dabei auftretenden hohen Temperaturgradienten stellen eine zusätzliche Belastung dar, die zur Schädigung des Filters beitragen. Zusätzlich ist die thermische Belastung kein einmaliger Vorgang, da es im regulä-
ren Betrieb zu zahlreichen Filterregenerationen kommt, bei denen vereinzelt lokale Temperaturspitzen auftreten können. Um diese Belastung möglichst realistisch abzubilden, wurden die zu untersuchenden Proben thermozyklisch ausgelagert. Die Proben wurden in die heiße Zone des auf konstante Temperatur auf-
geheizten Ofens mittels einer steuerbaren, pneumatisch positionierten Proben-
aufnahme eingeführt, dort gehalten und zum Abkühlen automatisch herausge-
fahren. Um den Temperaturwechsel zu beschleunigen und den damit verbundenen Thermoschock zu vergrößern, wurden die Proben während des Abkühlens
mit Pressluft angeblasen. Das bei der thermozyklischen Auslagerung in Proben-
höhe gemessene Temperaturprofil ist in Abbildung 3-5 dargestellt.

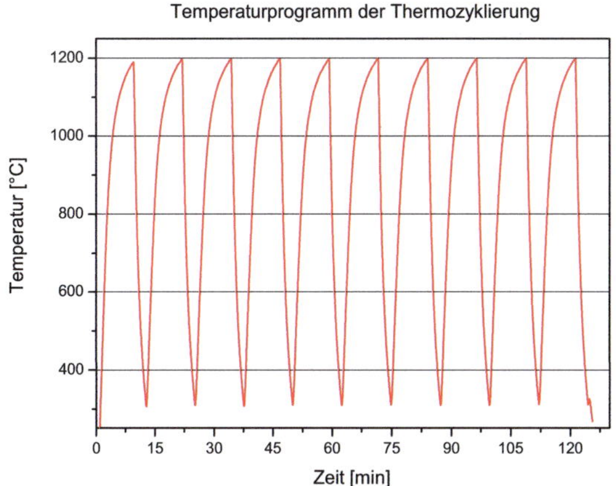

Abbildung 3-5: Temperaturverlauf der durchgeführten thermischen Zyklierung.

Die mittlere Aufheizgeschwindigkeit im Intervall von 300 °C bis 1200 °C liegt etwas über 100 °C/min, die Abkühlgeschwindigkeit bei ca. 270 °C/min und ist somit im Bereich realistischer Aufheizgeschwindigkeiten [72].

3.5.3 Ermittlung der Festigkeitsdegradation

Um Aufschluss über die schützende Wirkung der Schichten zu erhalten, werden die Festigkeiten bzw. Bruchlasten nach thermozyklischer Auslagerung gemessen und mit ungeschädigten Proben verglichen. Bei den scheibenförmigen Substraten wird die Festigkeit im Kugel-auf-drei-Kugeln Test (K3K oder 4K-Test) ermittelt. Der Vorteil des Verfahrens liegt darin, dass ein mehrachsiger Spannungszustand auf die Probe einwirkt, was die in der Realität vorkommenden Belastungen meist besser widerspiegelt und somit Defekte ungeachtet ihrer räumlichen Ausrichtung versagensrelevant werden [229,230]. Ein Nachteil dieser Testmethode ist das vergleichsweise geringe getestete Probenvolumen.

Für den Test wird eine zu prüfende Scheibe auf drei Kugeln gelagert, und zentrisch von einer weiteren Kugel belastet. Die sich bei Belastung ergebende Spannungsverteilung wurde von Börger et al. untersucht [231,232]. Die maximale

Spannung, die in der Mitte der Scheibe auf der zur Belastungskugel gegenüberliegenden Seite auftritt, kann nach Gleichung 3-1 berechnet werden [233]:

Gleichung 3-1
$$\sigma_{max} \cong \frac{3F(1+v)}{4\pi t^2}\left\{2\ln\left(\frac{R}{\gamma t}\right)+\frac{1-v}{1+v}\left(\frac{R}{R_D}\right)^2\right\}$$

Hierin sind F die anliegende Kraft, t die Dicke der Probe, v die Querkontraktionszahl, R_D der Radius der Probe, R der Stützkreisradius, der durch die Auflagerpunkte der drei unteren Kugeln gebildet wird und γ ein Parameter, der für die eingesetzte Proben- und Auflagergeometrien 0,2 ist. Die Querkontraktionszahl wurde zu 0,3 angenommen, was als realistisch angesehen werden kann, da an Einkristallmessungen für v_{aa} = 0,2844 und für v_{ac} = 0,3401 ermittelt wurden [114]. Setzt man schließlich für F die Bruchlast ein, so erhält man die Bruchspannung der getesteten Probe.

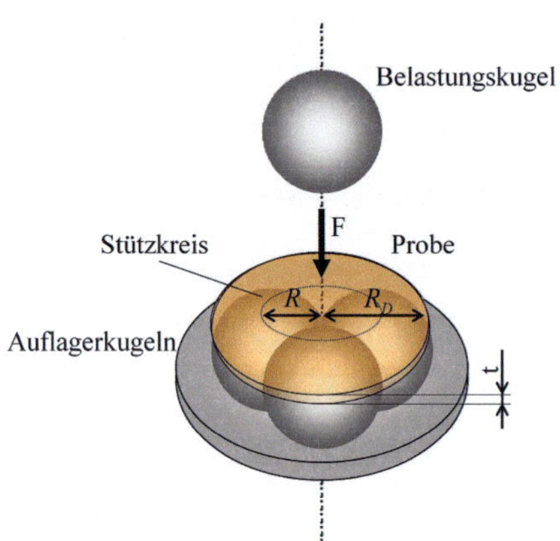

Abbildung 3-6: Schematische Darstellung des K3K-Versuchs.

Bei den stäbchenförmigen 3x3 Zellern wurden die Bruchspannungen bzw. -lasten mittels Vierpunkt-Biegung ermittelt. Das gemäß DIN 843-1 konzipierte Auflager hat eine Lastweite von 20 mm und eine Stützweite von 40 mm [234].

In dieser Arbeit wird darauf verzichtet, die im Vierpunkt-Biegeversuch ermittelten Bruchlasten in Bruchspannungen umzurechnen, da - unter der erfüllten Voraussetzung gleich bleibender Geometrien - bereits auf Basis der Bruchkräfte und deren Vergleich untereinander eine eindeutige Aussage hinsichtlich der Wirksamkeit der Schutzschichten getroffen werden kann. Eine Umrechnung in Bruchspannungen würde lediglich dazu führen, dass alle gemessenen Kräfte mit dem gleichen Faktor multipliziert würden. Aus Gründen der Vollständigkeit soll trotzdem beschrieben werden, wie bei 3x3 Zellern mit ihrem komplexen Querschnitt die Bruchspannung errechnet werden kann. Hierfür ist die Kenntnis des axialen Flächenträgheitsmoments I_b der getesteten Proben nötig, welches entsprechend Gleichung 3-2 allgemein beschrieben werden kann:

Gleichung 3-2 $$I_b = \int_A y^2 \, dA$$

Dabei bezeichnet y den Abstand eines Punktes des belasteten Querschnitts A zur neutralen Faser. Unter Zuhilfenahme des Satzes von Steiner, der besagt, dass sich das Flächenträgheitsmoment einer beliebigen Querschnittsfläche aus den Flächenträgheitsmomenten der einzelnen Teilflächen und dem Produkt aus dem Quadrat des Abstandes der Schwerachsen der Gesamt- zur Teilfläche zusammensetzt, kann das Flächenträgheitsmoment eines 3x3 Zellers berechnet werden. In der Arbeit von Bubeck [235] ist die genaue Herleitung dargestellt; hier soll nur die endgültige Formel wiedergegeben werden:

Gleichung 3-3: $$I_b = \frac{1}{6} h^3 (n + p) + \frac{3}{2} h^2 o \cdot p - 3h \cdot o \cdot p^2 + 2o \cdot p^3 + \frac{3}{2} n \cdot o^3 + 3n^2 o^2 + 2n^3 o$$

Die Buchstaben h, n, o und p bezeichnen charakteristische Abmaße eines 3x3 Zellers, siehe Abbildung 3-7.

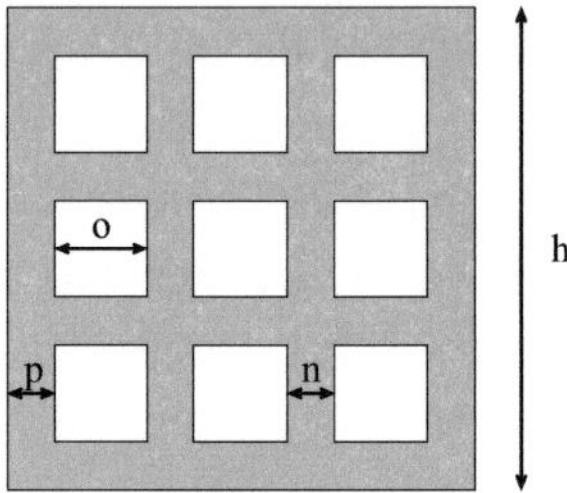

Abbildung 3-7: Bezeichnung der geometrischen Abmaße eines 3x3 Zellers.

Alle mechanischen Tests wurden an einer Universalprüfmaschine (Modell 10T, UTS Testsysteme GmbH, Deutschland) durchgeführt. Um den Einfluss eines möglichen unterkritischen Risswachstums auf die ermittelten Bruchlasten zu minimieren, wurden alle Tests mit einer konstanten Querhauptgeschwindigkeit von 1 mm/min durchgeführt.

Die gemessenen Bruchlasten bzw. Festigkeiten wurden unter Anwendung der Maximum-Likelihood Methode nach der Weibull-Theorie ausgewertet. Entsprechend DIN 843-5 wurden die ermittelten Werte der charakteristischen Festigkeiten σ_0 und Weibmoduln m in Abhängigkeit der Anzahl der ausgewerteten Proben korrigiert [236]. Als Abweichungen von den charakteristischen Werten werden die 90-%-Vertrauensbereiche angegeben, anhand derer eine Einstufung der zu vergleichenden Messwerte hinsichtlich minimaler oder signifikanter Unterschiede erfolgt.

3.6 Eingesetzte Analyseverfahren

3.6.1 Bestimmung der spezifischen Oberfläche

Die spezifische Oberfläche wurde nach einer 7-Punkt BET Methode im Relativdruckbereich $P/P_0 = 0,05$ bis 0,3 mit einem Gasadsorptionsmessgerät (Nova 2000e, Quantacrome Instruments, Boynton Beach, USA) bestimmt. Die Güte der nach dem Mehrpunktverfahren erhaltenen BET-Geraden, ausgedrückt im Korrelationskoeffizienten, wird bei den Ergebnissen aufgeführt.

3.6.2 Dichtebestimmung

Zur Bestimmung der Dichte wurde für Festkörper die Auftriebsmethode nach Archimedes in Wasser angewandt. Da die porösen Cordierite in ihren Eigenschaften streuen können, beziehen sich die angegebenen Dichte- bzw. Porositätswerte auf den Mittelwert aus zehn Messungen. Bei der Bestimmung der Dichte von Pulvern kam ein He-Pyknometer (AccuPyc 1330, Micromeritics GmbH, Aachen) zum Einsatz. Um zu gewährleisten, dass bei allen Messungen genügend Probenmaterial untersucht wird, wurde die Probenkammer mit jeweils mindestens 1 g Pulver gefüllt. Die genannten Messwerte beziehen sich auf den Mittelwert aus fünf Einzelmessungen.

3.6.3 Diffraktometrie

Röntgenbeugungsmuster wurden mit einem Diffraktometer (D500, Siemens AG, München) im Winkelbereich ϑ - 2ϑ von 12° bis 75° mit einer Schrittweite von 0,02° und 5 s Messzeit pro Punkt durchgeführt. Nur für die ortsaufgelösten Untersuchungen wurden die Beugungsmuster mit einem Diffraktometer (D8, Bruker GmbH, Karlsruhe) mit Flächendetektor aufgenommen. Durch die eingesetzte Blende besaß der Messfleck einen Durchmesser von ca. 500 µm. Bei beiden Geräten wurde Cu-Kα Strahlung verwendet (40 kV, 40 mA).

3.6.4 Dilatometrie

Mittels dilatometrischer Experimente wurde das thermische Ausdehnungsverhalten charakterisiert. Die Versuche wurden in einem horizontalen Schubstangendilatometer (DIL 802, Bähr-Thermoanalyse GmbH, Hüllhorst) durchgeführt. Da das Differenzdilatometer mit zwei Schubstangen ausgestattet ist, wird die eigentliche Probe gegen eine Referenz (Saphir) gemessen. Zur Korrektur der

Messdaten wurde vor jeder Versuchsserie die Anlage mittels eines zweiten Saphirs kalibriert.

3.6.5 Rasterelektronenmikroskopie und EDS

Für die Erstellung hochaufgelöster Aufnahmen wurde ein Rasterelektronenmikroskop (Stereoscan 440, Leica Cambrige LTD., Cambridge, England) eingesetzt, welches für chemische Analysen mit einem EDS (Energiedispersive Röntgenspektroskopie) System der Firma Röntec (Bruker Mikroanalysis) mit Si-Li Detektor betrieben werden kann. Um eine Aufladung während den Aufnahmen zu vermeiden, wurden die Proben mit einer dünnen Goldschicht bedampft. Standardmäßig wurde mit einer Beschleunigungsspannung von 20 kV und einem Probenstrom von 120 pA gearbeitet, wobei für Aufnahmen von Bruchflächen die Spannung auf 15 kV und der Probenstrom auf 60 pA reduziert wurde.

3.6.6 Röntgen-Photoelektronenspektroskopie (XPS)

Die XPS-Messungen wurden am Institut für Physikalische Chemie an einem Spektrometer des Typs Multiprobe P (Omnicron Nanotechnology GmbH, Taunusstein, Deutschland) im Ultrahochvakuum ($\sim 10^{-10}$ mbar) durchgeführt. Das Gerät ist mit einem XPS/AES Spektrometer und einem Rastertunnelmikroskop (STM) ausgestattet. Für die XPS Messungen wurde eine Mg-Anode als Röntgenquelle (Mg-Kα, 1253,6 eV) und ein Kugelschalenanalysator (EA 125 U7) eingesetzt. Die Passenergie beträgt 50 eV, die Schrittweite wurde zu 0,2 eV gewählt.

3.6.7 Zeta-Potential

Das Zeta-Potential wurde mit dem nach dem elektroakustischen Messprinzip arbeitenden Messgerät DT1200 (Dispersion Technology Inc., Bedford Hills, USA) in Abhängigkeit des pH-Wertes bestimmt. Die Variation des pH-Wertes erfolgte mit einer programmierbaren Titriereinheit durch Zugabe von 1 mol/l Salzsäure (HCl, Merck) bzw. durch 1 mol/l Tetramethylammoniumhydroxid (TMA, Merck). Die eigentliche Messung wurde erst durchgeführt, wenn der angestrebte pH-Wert für mindestens 60 s stabil war.

4 Ergebnisse

Die Entwicklung einer Beschichtungsmethodik zur Innenporenbeschichtung mikroporöser Cordierite zum Schutz gegen korrosiven Ascheangriff gliedert sich in verschiedene Verfahrensabschnitte, deren Ergebnisse hier dargestellt werden. Die Basis bildet die Materialwahl, die zu ascheresistenten und cordieritverträglichen Materialien führen soll. Darauf basiert die Entwicklung der Innenporenbeschichtung, die zunächst an scheibenförmigen Substraten durchgeführt und schließlich auf komplexere 3x3 Zeller übertragen wird. Die Quantifizierung der Schutzschichtwirksamkeit, die sich hauptsächlich auf den Vergleich der Festigkeitsdegradation nach korrosivem Ascheangriff unter thermozyklischer Beanspruchung beschichteter und unbeschichteter Cordierite stützt, bietet die Grundlage zur Bewertung des Beschichtungserfolges und zur Klärung beschichtungsrelevanter Einflussfaktoren.

4.1 Ermittlung der korrosiven Schädigung an potentiellen Schutzschichtmaterialien

Basierend auf den aus Literaturangaben gewonnen Informationen zu einer möglichen Resistenz gegen korrosive Ascheangriffe bei erhöhten Temperaturen, soll eine Bewertung des tatsächlichen Schädigungsausmaßes erfolgen. Hierfür müssen zunächst die ausgewählten Materialien synthetisiert und im Vergleich zu Cordierit der korrosiven Ascheschmelze ausgesetzt werden. Da eine vorhandene offene Porosität das Eindringen von Schmelze ermöglicht und somit eine höhere Porosität voraussichtlich zu einer stärkeren Schädigung führt, sollen unterschiedlich dichte Materialien mit entsprechenden, in der Porosität angepassten, Cordieritsubstraten verglichen werden. Bevor also die eigentlichen Versuche zur Beurteilung der Materialeignung erfolgen, werden die entsprechenden Materialien synthetisiert und in ihrer Dichte charakterisiert.

4.1.1 Synthese potentieller Schutzschichtmaterialien

Entsprechend der in Kapitel 3.1.2 beschriebenen Vorgehensweise, wurden unterschiedliche Pulver synthetisiert und mittels XRD, BET und He-Pyknometrie charakterisiert. Die Ergebnisse sind in Tabelle 4-1 zusammengefasst.

Material	Syntheseverfahren	BET		He-Pyknometrie	
		spez. Oberfläche [m²/g]	Korr. Koeff. [-]	Dichte [g/cm³]	Std.-Abw. [g/cm³]
$NaZr_2(PO_4)_3$	Sol-Gel	7,732	0,999845	3,728	0,002
$CsZr_2(PO_4)_3$	Sol-Gel	1,834	0,999914	3,739	0,010
$MgZr_4(PO_4)_6$	Sol-Gel	100,589	0,999670	3,036	0,012
$CaZr_4(PO_4)_6$	Sol-Gel	13,112	0,999092	3,255	0,007
$SrZr_4(PO_4)_6$	Sol-Gel	0,76	0,999954	3,252	0,009
$LaZr_6(PO_4)_9$	Sol-Gel	8,173	0,999347	3,776	0,011
$LaTi_6(PO_4)_9$	Festkörpersynthese / Sol-Gel	5,161 15,950	0,999901 0,999568	2,721 2,932	0,181 0,026
$RbTi_2(PO_4)_3$	Festkörpersynthese	1,218	0,999971	3,252	0,165
$SrTi_4(PO_4)_6$	Festkörpersynthese	2,794	0,999876	3,199	0,023
$BaTi_4(PO_4)_6$	Festkörpersynthese	1,635	0,999911	3,285	0,058
$LaPO_4$	Sol-Gel	7,038	0,999952	5,219	0,006

Tabelle 4-1: Spezifische Oberfläche und gemessene Dichte der synthetisierten Pulver. Das Material ist entsprechend der stöchiometrischen Einwaage der Edukte bezeichnet.

Mittels Phasenanalyse wurde festgestellt, dass insbesondere Pulver auf Basis der Festkörpersynthese zur Bildung von Fremdphasen neigen. Bei der Sol-Gel-Synthese hingegen ist der Anteil am gewünschten Produkt deutlich höher.

Nach dem letzten Kalzinierungsschritt wurde an den synthetisierten Pulvern eine röntgenographische Phasenanalyse durchgeführt. Stellvertretend für die Herstellung über die Sol-Gel-Route sind die erhaltenen Spektren für $NaZr_2(PO_4)_3$, $CaZr_4(PO_4)_6$ sowie $SrZr_4(PO_4)_6$ und exemplarisch für die Pulverroute die Beugungsmuster zur Synthese von $SrTi_4(PO_4)_6$ und $LaTi_6(PO_4)_9$ dargestellt. Die hinsichtlich der Phasenreinheit zu gewinnenden Erkenntnisse stehen repräsentativ für die weiteren hierzu entsprechend hergestellten Materialien, weshalb hier lediglich eine Auswahl gezeigt wird.

Im Allgemeinen führt die Sol-Gel-Synthese zu phasenreinen Produkten, wie dies entsprechend der stöchiometrischen Einwaage der Edukte gewünscht war. So zeigt das XRD-Spektrum von $NaZr_2(PO_4)_3$, Abbildung 4-1, praktisch keine Fremdphasen.

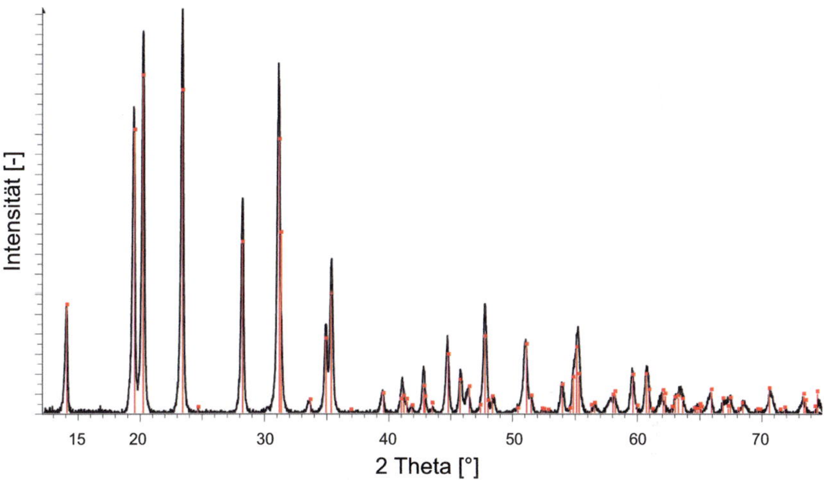

Abbildung 4-1: Sol-Gel-Synthese: Gemessenes Beugungsmuster im Vergleich zu den in der JCPDS-Kartei (Nr. 01-070-0233, rot dargestellt) tabellierten Daten für $NaZr_2(PO_4)_3$.

Auch beim $CaZr_4(PO_4)_6$, welches stellvertretend für den Syntheseerfolg der weiteren mittels Sol-Gel-Verfahren hergestellten Materialien angesehen werden kann, ist das gewünschte Produkt bereits nach dem Kalzinieren als Phasenrein zu erachten. Das gemessene Beugungsmuster stimmt mit den in der JCPDS Kartei tabellierten Reflexlagen sehr gut überein, siehe Abbildung 4-2.

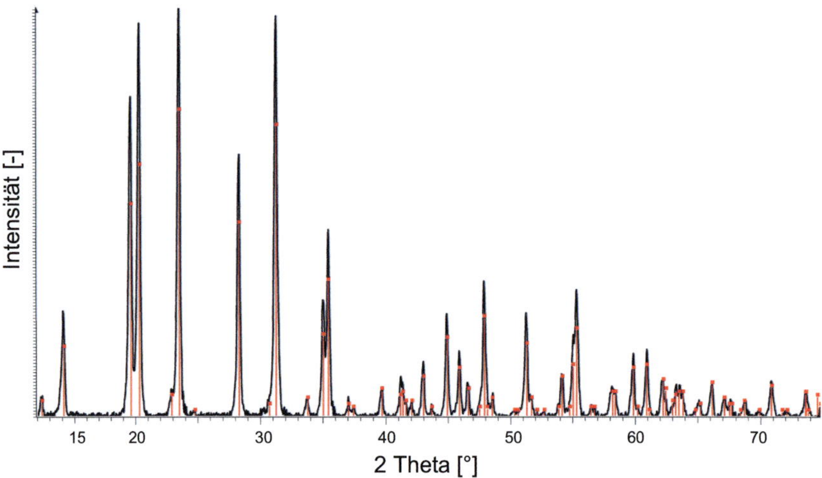

Abbildung 4-2: **Sol-Gel-Synthese: Gemessenes Beugungsmusters von CaZr$_4$(PO$_4$)$_6$ im Vergleich zu den in der JCPDS-Kartei (Nr. 00-033-0321, rot dargestellt) tabellierten Daten.**

Bei der Materialherstellung über die Pulverroute wurde diese Phasenreinheit nicht erreicht. Während das mittels Sol-Gel-Verfahren hergestellte SrZr$_4$(PO$_4$)$_6$, siehe Abbildung 4-3, nach dem Kalzinieren praktisch Phasenrein vorliegt, weist das hierzu korrespondierende SrTi$_4$(PO$_4$)$_6$, siehe Abbildung 4-4, nach erfolgter Festkörpersynthese TiP$_2$O$_7$ als Sekundärprodukt auf.

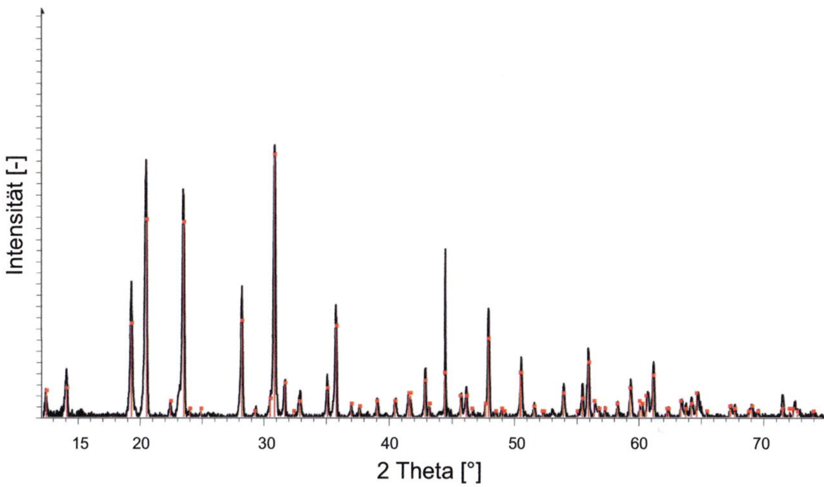

Abbildung 4-3: Sol-Gel-Synthese: Gemessenes Beugungsmusters im Vergleich zu den in der JCPDS-Kartei (Nr. 00-033-1360, rot dargestellt) tabellierten Daten für $SrZr_4(PO_4)_6$.

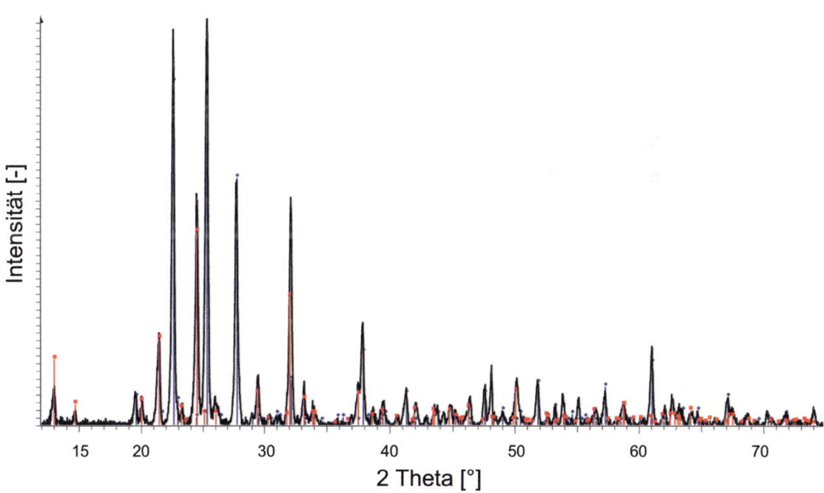

Abbildung 4-4: Festkörpersynthese: Gemessenes Beugungsmusters im Vergleich zu den in der JCPDS-Kartei tabellierten Daten für $SrTi_4(PO_4)_6$. Darstellung: Reflexlagen zu $SrTi_4(PO_4)_6$ (Nr. 01-081-2177) in rot, Fremdphase TiP_2O_7 (Nr. 00-038-1468) in blau.

Die Ausbildung des Nebenprodukts TiP_2O_7 ist für alle durchgeführten Festkörpersynthesen charakteristisch. Dementsprechend verhält es sich bei $LaTi_6(PO_4)_9$, wo außer dem gewünschten Produkt ebenfalls Titanphosphat als Verunreinigung vorliegt, wie dies in Abbildung 4-5 im Vergleich zu den tabellierten Reflexlagen aus der JCPDS Kartei deutlich erkennbar ist.

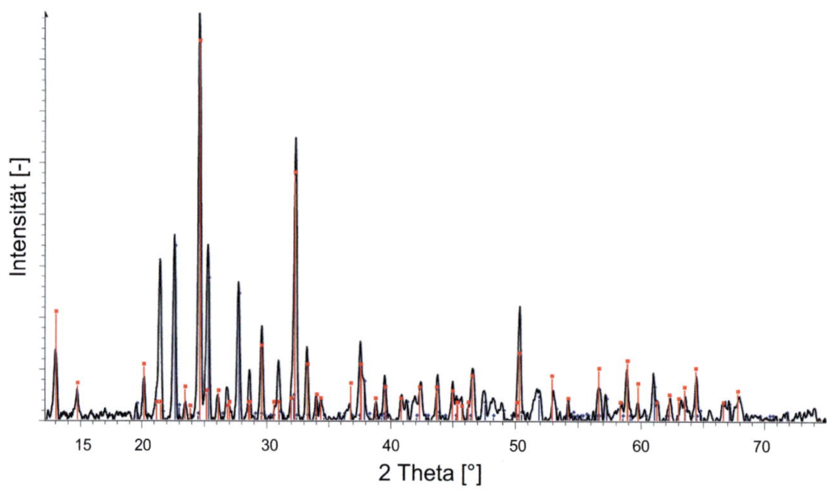

Abbildung 4-5: Festkörpersynthese: Gemessenes Beugungsmusters im Vergleich zu den in der JCPDS-Kartei (Nr. 00-049-0611, rot dargestellt) tabellierten Daten für $LaTi_6(PO_4)_9$. Reflexlagen zur Fremdphase TiP_2O_7 (Nr. 00-038-1468) sind blau markiert.

Zwar sind die gebildeten Mengen an TiP_2O_7 bei den einzelnen über die Pulverroute hergestellten Materialien unterschiedlich, aber trotzdem so erheblich, dass eine Nachbehandlung erforderlich wird. Um aus der Pulvermischung aus Produkt und Nebenprodukten den gewünschten Anteil zu isolieren, wurden die Mischungen aktiv gewaschen. Dabei nutzt man die unterschiedliche Löslichkeit der Produkte, um, wie im vorliegenden Fall, das Titanphosphat zu lösen und schließlich durch Filtration vom übrigen Pulver zu trennen. Dafür wird die Pulvermischung mit Salpetersäure (1 N HNO_3, Merck) erhitzt, wodurch das in Säure lösliche TiP_2O_7 abgetrennt werden kann. Nach einem weiteren Waschvorgang mit deionisiertem Wasser und anschließender Trocknung erhält man schließlich ein röntgenographisch phasenreines Pulver, entsprechend dem gewünschten Produkt.

4.1.2 Herstellung von Cordieritsubstraten unterschiedlicher Porosität

Mit Cordieritpulver, siehe Kapitel 3.1.1, wurden Sinterversuche und anschließend Verdichtungsversuche mittels Heißpressen (Kriechapparatur und FAST-Anlage) durchgeführt. Das Ausgangspulver hat mit 13,9 µm einen recht großen mittleren Partikeldurchmesser, der sich auch in der geringen spezifischen Oberfläche von 3,035 m^2g^{-1} widerspiegelt. Anhand mehrer Parametervariationen konnten Sinterbedingungen gefunden werden, bei denen sich relative Dichten von ca. 82 %, bei drucklos in Luftatmosphäre gesinterten Tabletten erreichen lassen. Bei 10 gleichartig gesinterten Proben betrug die Standardabweichung hierbei weniger als 1 %.

Beim Heißpressen wurden Temperatur- und Spannungsvariationen durchgeführt. Der Temperaturbereich erstreckt sich von 1350 °C bis 1400 °C, die zugehörigen Spannungen wurden zwischen 0,5 MPa und 3,5 MPa variiert. Die besten Ergebnisse werden bei einer Temperatur von 1400 °C und einer Spannung von 2 MPa erzielt, da höhere Spannungen bzw. geringere Temperaturen zu Ausbrüchen an den Proben führen. Mit dieser Paarung aus Last und Temperatur lassen sich Dichten ab den anfänglichen 82 % bis nahezu 98 % der theoretischen Dichte nach etwa 72 h erreichen. Eine weitere Erhöhung der Dichte konnte durch Sintern mittels FAST erreicht werden. Die Proben zeigten zwar über den Radius keine homogene Dichte, hatten aber in der Probenmitte einen Bereich von ca. 1 cm Durchmesser, dessen Dichte zu 99,8 % der theoretischen Dichte bestimmt wurde.

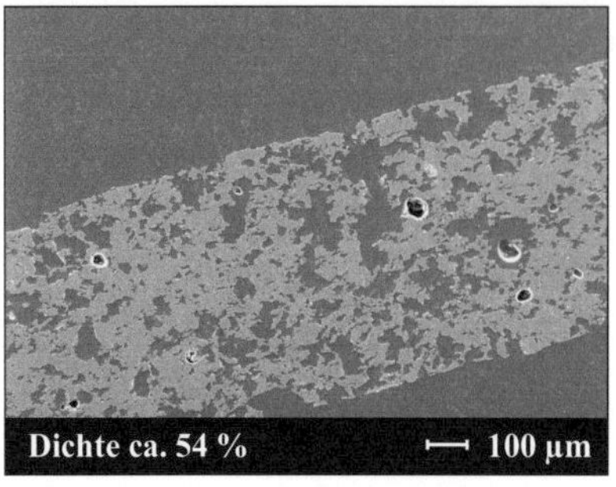

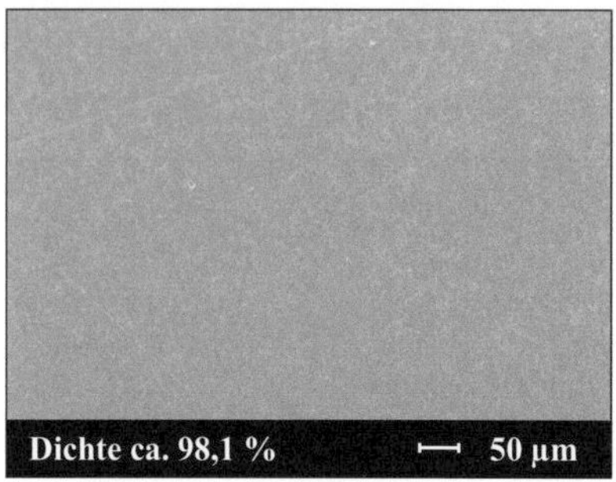

Abbildung 4-6: REM-Aufnahmen von Cordierit (Schliffe) unterschiedlicher Dichte. Links: Cordierit (plättchenförmig, HITK), rechts: mittels FAST konsolidiert.

Während Cordierit in poröser Form üblicherweise hell, nahezu weiß ist, ist es in der dichten Variante sehr dunkel und für sichtbares Licht durchscheinend. Diese deutliche Änderung in der Erscheinung tritt ab ca. 98 % Dichte auf. In Abbildung 4-6 sind typische rasterelektronenmikroskopische Aufnahmen der Struktur von Cordierit im Lieferzustand (HITK, Plättchen) mit ca. 54 % TD und im Gegensatz hierzu eine mittels FAST hergestellte, nahezu dichte Probe dargestellt.

4.1.3 Thermische Auslagerungen mit Modellasche

Zur Bewertung des Schädigungsausmaßes wurden auf die geschliffenen Oberflächen der Substrate uniaxial gepresste Tabletten aus Modellasche aufgelegt und bei 1200 °C ausgelagert, siehe Abbildung 3-2. Anschließend wurden Schliffe angefertigt, um die Schädigungstiefe und die durch die Ascheschmelze hervorgerufenen Auswirkungen, wie eventuelle Reaktionen, zu bewerten. Diese Ergebnisse sind in Abbildung 4-16 zusammengefasst dargestellt. Da vergleichsweise viele Materialien untersucht wurden, wird darauf verzichtet, alle Einzelergebnisse aufzuführen. Es werden daher nur an ausgesuchten Materialbeispielen die Ergebnisse aus diesen Versuchen detailliert vorgestellt.

Cordierit:

In Abbildung 4-7 sind mit Asche ausgelagerte Cordieritsubstrate unterschiedlicher relativer Dichte nach erfolgter isothermer Auslagerung gezeigt. Obwohl die

Versuche mit konstanter Aschemenge durchgeführt wurden, breitet sich die Asche mit steigender Dichte der untersuchten Cordierite zunehmend aus, was auf eine verminderte Eindringtiefe hindeutet.

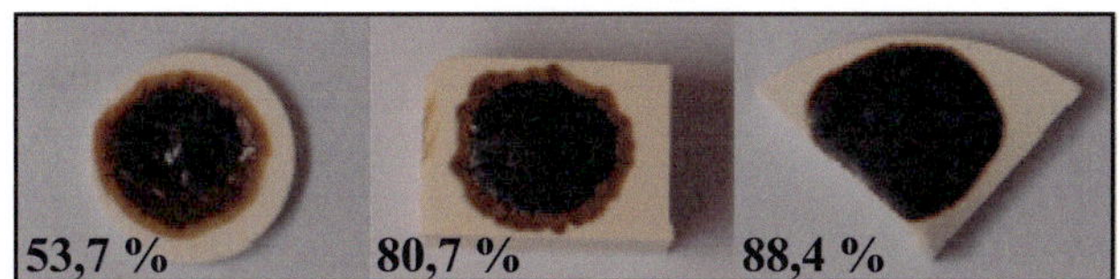

Abbildung 4-7: Cordierit unterschiedlicher relativer Dichte nach thermischer Auslagerung unter Aschekontakt.

Die entsprechenden Querschliffe sind in Abbildung 4-8 und Abbildung 4-9 gezeigt. Deutlich erkennt man die starke Schädigung. Die ursprünglich ebene Oberfläche ist wellig und teilweise aufgelöst.

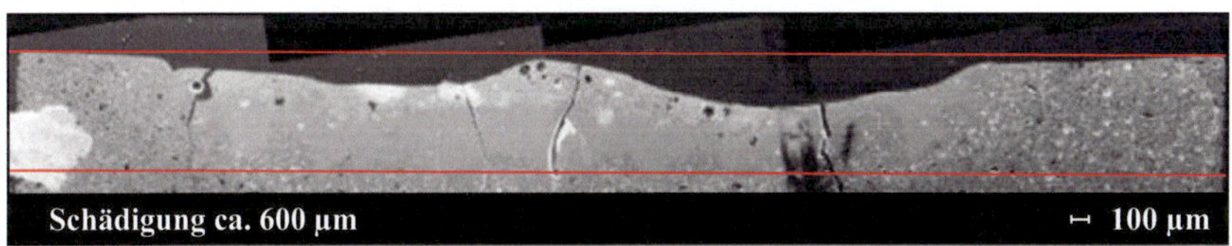

Abbildung 4-8: Cordierit mit 53,7 % theoretischer Dichte nach Auslagerung unter Aschekontakt (Querschliff).

Betrachtet man einen Cordierit mit höherer Dichte, erkennt man, dass die Schädigungstiefe geringer ausfällt. Es zeigt sich, dass das Vordringen der Asche und die damit verbundenen Reaktionen von der Dichte bzw. Porosität des Cordierits abhängen. Mit sinkender Porosität verringert sich die durch die Asche hervorgerufene Schädigung deutlich.

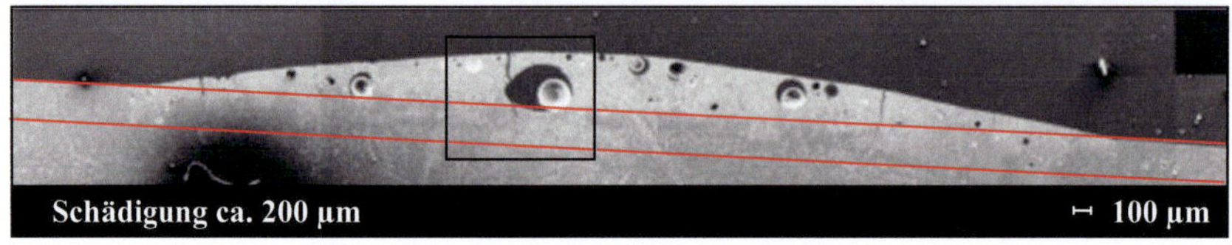

Abbildung 4-9: Cordierit mit 80,7 % theoretischer Dichte nach Auslagerung unter Aschekontakt (Querschliff).

Da, in der als Querschliff gezeigten Übersichtsaufnahme, die Schädigung aufgrund der höheren Dichte nicht auf den ersten Blick erkennbar ist, ist ein aussagekräftiges Detail vergrößert dargestellt, siehe Abbildung 4-10. Dort erkennt man die Umsetzung des ansonsten porösen Cordierits.

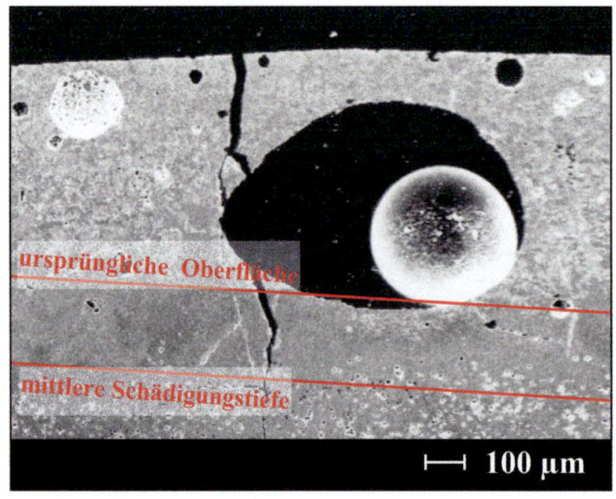

Abbildung 4-10: Detailaufnahme eines Cordierites mit 80,7 % theroretischer Dichte nach Auslagerung unter Aschekontakt (Querschliff).

Mit zunehmender Dichte nimmt der geschädigte Bereich ab, was darauf schließen lässt, dass die Porosität und somit die mögliche Kontaktfläche aus Cordierit und Ascheschmelze das Schädigungsausmaß maßgeblich beeinflusst. Dies unterstreicht wiederum die Wichtigkeit, Schädigungen nicht nur in Bezug zur Auslagerungstemperatur, -dauer und Menge an Modellasche, sondern auch in Bezug auf die zugrunde liegende Porosität des Substratmaterials zu beurteilen.

Titandioxid

Die Untersuchungen zu durch Asche hervorgerufenen Reaktionen und Schädigungen wurde im Fall von TiO_2 an einem dichten Substrat durchgeführt. In Abbildung 4-11 erkennt man eine Schädigung der ursprünglich ebenen Oberfläche, die durch Rissbildung begleitet ist.

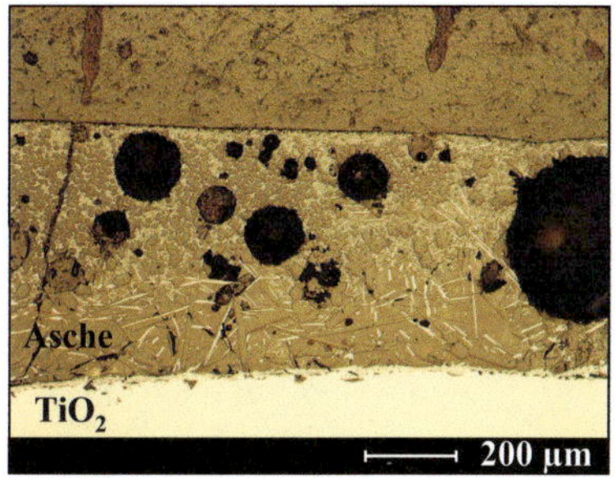

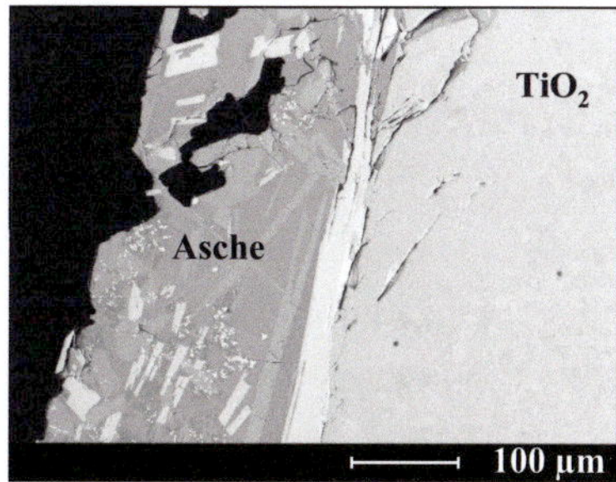

Abbildung 4-11: TiO_2 nach Auslagerung unter Aschekontakt (Querschliff).

In der Asche sind nadelförmige Strukturen erkennbar, die bei der Auslagerung mit Cordierit nicht beobachtet wurden. Die mittels EDS und ortsaufgelöster XRD gewonnen Erkenntnisse zum Aufbau der Asche sind in Abbildung 4-12 dargestellt.

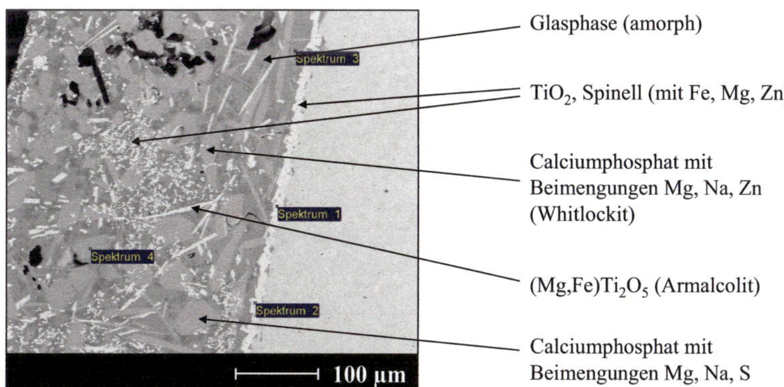

Abbildung 4-12: TiO_2 nach Auslagerung unter Aschekontakt (Querschliff). Während im Bereich des TiO_2 keine Reaktionen und dadurch hervorgerufene Phasenänderungen erkennbar sind, sind Ti-haltige Verbindungen in der Asche auskristallisiert.

Da die Modellasche im Ausgangszustand keine Ti-haltigen Verbindungen enthält, ist das Auffinden Ti-reicher Phasen in der erstarrten Asche ein Hinweis darauf, dass die Ascheschmelze Ti aus dem TiO_2 herauslöst und somit zur Schädigung führt.

Mullit

Bei Mullit zeigt sich keine direkte Schädigung in Form eines starken Materialabtrages. Allerdings dringen Bestandteile der Ascheschmelze tief in die Poren des Mullit vor und bilden aluminiumhaltige Verbindungen. Berücksichtigt man, dass in der eigentlichen Asche kein Al vorhanden ist, ist dies ein deutliches Zeichen für ablaufende, schädigende Reaktionen.

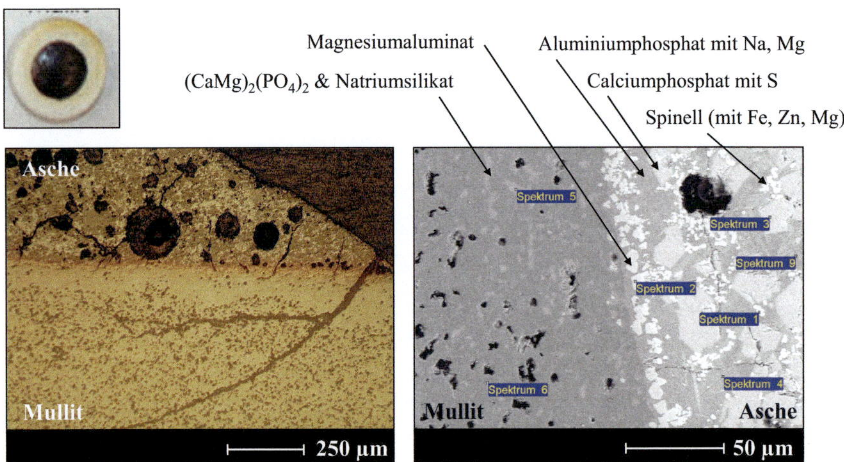

Abbildung 4-13: Mullit nach Auslagerung unter Aschekontakt. Links oben: Aufnahme des Verbundes aus Mullit und Asche nach erfolgter Auslagerung. Links unten: Lichtmikroskopische Aufnahme des geschädigten Mullits; rechts: Darstellung der ausgebildeten Phasen am Querschliff.

Zusätzlich zu den ablaufenden Reaktionen wird das Mullit-Substrat dadurch geschädigt, dass es, vermutlich aufgrund einer starken Haftung zwischen Mullit und erstarrter Ascheschmelze, zu einer ausgeprägten Rissbildung kommt. An-

scheinend wird dies durch das weite Vordringen von Aschebestandteilen begünstigt, was wiederum für eine hohe Mobilität der Schmelze auf Mullit spricht.
Betrachtet man das Teilbild links oben, so erkennt man zwar, dass die ursprüngliche Aschetablette kaum „zerflossen" ist, aber die für Mullit untypische bräunliche Verfärbung zeigt deutlich, dass einige Aschebestandteile auch radial weit
vorgedrungen sind.

$NaZr_2(PO_4)_3$

Von den untersuchten Materialien gehört das $NaZr_2(PO_4)_3$ zu den potentiellen
Beschichtungsmaterialien mit der besten Ascheresistenz. Es sind, siehe
Abbildung 4-14, praktisch keine Reaktionen erkennbar. Die ursprüngliche
Grenzfläche zwischen Substrat und Modellasche ist eben und die Poren des
$NaZr_2(PO_4)_3$ sind kaum mit Asche infiltriert. Auch die Form der erstarrten
Asche deutet darauf hin, dass die Mobilität der Ascheschmelze auf dem NZP
stark herabgesetzt ist. Außerdem weist das Substrat keine Risse auf, was einerseits an dem geringen thermischen Ausdehnungskoeffizienten des NZP und andererseits an einer geringen Haftung der beiden Komponenten liegen kann. Mittels EDX konnte in der Grenzschicht aus Asche und NZP etwas Zr detektiert
werden. Ansonsten gibt es aber keinen Hinweis auf Zr in der Asche. Im Bereich
der Poren im NZP wurden verschiedene, durch die Asche eingebrachte Elemente in geringem Maß gefunden. Da das NZP eine offene Porosität ($< 20\,\%$) besitzt, können sich aus der Asche abdampfende Stoffe über die Gasphase in den
offen zugänglichen Poren abscheiden.

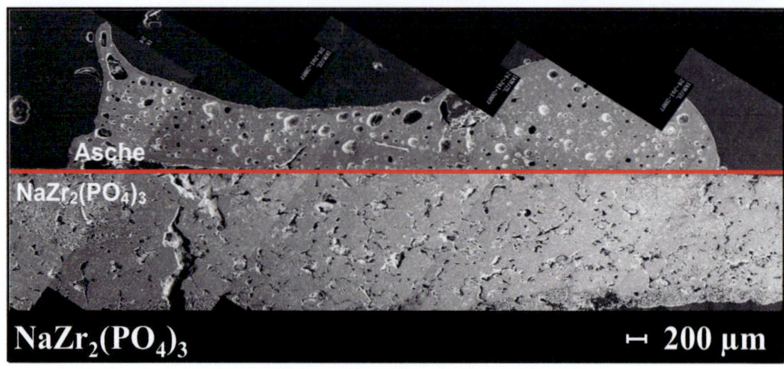

Abbildung 4-14: NaZr₂(PO₄)₃ **nach Auslagerung unter Aschekontakt (Querschliff). Es ist praktisch keine Veränderung hinsichtlich der ursprünglichen Grenzfläche erkennbar.**

Prinzipiell zeigen die auf Alkalimetallen basierenden NZPs eine relativ gute Resistenz gegen den Ascheangriff. Insbesondere beim NaZr₂(PO₄)₃ ist der Schädigungsbereich mit wenigen µm sehr gering und hebt sich damit deutlich von Mullit ab. Allerdings kann die generelle Aussage, dass diese NZPs sich grundsätzlich eignen, nicht getroffen werden, siehe beispielsweise Abbildung 4-15, wo CsZr₂(PO₄)₃ immerhin bis in etwa 350 µm Tiefe geschädigt ist.

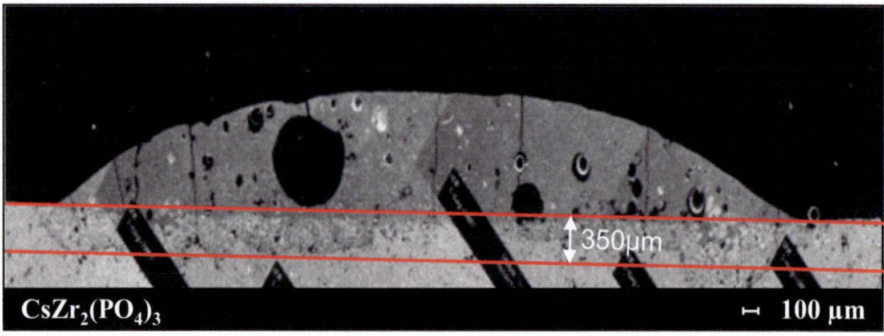

Abbildung 4-15: CsZr₂(PO₄)₃ **nach Auslagerung unter Aschekontakt (Querschliff). Die Reaktionszone ist ausgeprägt und erstreckt sich bis in eine Tiefe von ca. 350 µm.**

Auch bei den Zirkonphosphaten mit Erdalkalien zeigt sich bei der Schädigungstiefe kein einheitliches Bild. Aber es lässt sich die generelle Aussage treffen, dass die Resistenz gegenüber dem Ascheangriff geringer ist, als bei den NZPs auf Alkalimetallbasis. Mit Magnesium ist unter dieser Gruppe das beste Verhalten erkennbar. Jedoch liegt hier bereits eine Schädigung vor, die bis ca. 500 μm unter die ursprüngliche Oberfläche reicht. Die Schädigungen bei den anderen Materialien dieser Gruppe liegen im Bereich bis ca. 1000μm, wobei diese Grenze von $SrZr_4(PO_4)_6$ gebildet wird.

Substituiert man das Übergangsmetall Zr gegen Ti, so erhält man eine zu den NZPs vergleichbare Struktur. Laut Aussagen aus der Literatur, sollte diese Substitution zu Materialeigenschaften führen, die prinzipiell zu den NZPs vergleichbar sind und eine gute Resistenz gegen korrosive Umgebungseinflüsse bieten. Allerdings zeigen sich in den hier durchgeführten Untersuchungen keine höheren Resistenzen. Das mit einem Alkalimetall aufgebaute $RbTi_2(PO_4)_3$ zeigt eine Schädigungstiefe von ca. 2200 μm. Mit einem ca. 700 μm großen Schädigungsbereich fällt das $BaTi_4(PO_4)_6$ bereits deutlich besser aus, wobei das offensichtliche Schädigungsausmaß beim $LaTi_6(PO_4)_9$ in dieser Gruppe am geringsten ist. Im Schliffbild zeigt sich, dass die ursprünglich vorhandene Oberfläche kaum verändert ist.

Alle ermittelten Schädigungstiefen sind in Abbildung 4-16 über der relativen Dichte des jeweiligen Substratmaterials dargestellt. Um die zu den einzelnen Materialien getroffenen Aussagen besser einordnen zu können, ist zusätzlich die an Cordierit ermittelte Schädigung dargestellt. Zeigen die untersuchten Materialien ein deutlich besseres Verhalten als Cordierit, kommen sie als potentieller Beschichtungswerkstoff in Frage.

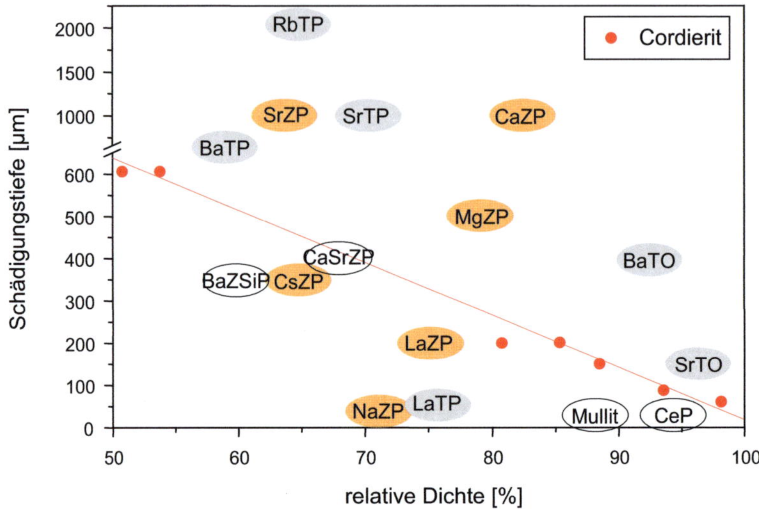

Abbildung 4-16: Durch Modellasche hervorgerufene Schädigungstiefe nach thermischer Auslagerung bei 1200 °C, 30 min. Die relative Dichte bezieht sich auf die theoretische Dichte, bei den selbst synthetisierten Materialien auf die mittels He-Pyknometrie gemessene Pulverdichte.

Die zwecks Übersichtlichkeit notwendige Einführung von Abkürzungen kann entsprechend Tabelle 4-2 den untersuchten Materialien zugeordnet werden.

Abkürzung	Material	Schädigungstiefe ca. [µm]
NaZP	$NaZr_2(PO_4)_3$	< 25
LaTP	$LaTi_6(PO_4)_9$	< 75
Mullit[2]	$3\ Al_2O_3 \cdot 2\ SiO_2$	≈ 100
CeP	$CePO_4$	< 75
SrTO	$SrTiO_3$	< 200
LaZP	$LaZr_6(PO_4)_9$	≈ 200
BaZSiP	$Ba_5Zr_{16}P_{22}Si_2O_{96}$	≈ 350
CsZP	$CsZr_2(PO_4)_3$	≈ 350
BaTO	$BaTiO_3$	≈ 400
CaSrZP	$CaSrZr_8(PO_4)_{12}$	≈ 400
YSiO	$Y_2Si_2O_7$	≈ 400
MgZP	$MgZr_4(PO_4)_6$	≈ 500
BaTP	$BaTi_4(PO_4)_6$	≈ 700
CaZP	$CaZr_4(PO_4)_6$	≈ 1000
SrTP	$SrTi_4(PO_4)_6$	≈ 1000
SrZP	$SrZr_4(PO_4)_6$	≈ 1000
RbTP	$RbTi_2(PO_4)_3$	≈ 2200

Tabelle 4-2: Auflistung der durchgeführten Untersuchungen zum durch Modellasche bei 1200 °C hervorgerufenen Schädigungsausmaß.

Zusammenfassend kann festgehalten werden, dass aus der Gruppe der NZP das $NaZr_2(PO_4)_3$ und das $LaTi_6(PO_4)_9$ am geringsten geschädigt werden. Im Ver-

---

[2] Bei Mullit fällt die gelistete Schädigungstiefe recht gering aus, da es kaum zur Schädigung in Form eines Materialabtrages kommt. Allerdings dringen Aschebestandteile unter Bildung alumosilikatischer Verbindungen tief in den porösen Mullit ein, was auf eine Reaktion zwischen Asche und Mullit schließen lässt. Außerdem kommt es zur ausgeprägten Rissbidlung, sodass Mullit zwar eine geringe direkte Schädigung aufgrund ablaufender thermochemischer Reaktionen zeigt, jedoch infolge indirekter Schädigungen, wie tiefes Vordringen von Schmelzbestandteilen in Verbindung mit einer ausgeprägten Rissbildung als Schutzschichtmaterial ausscheidet. Unter Berücksichtigung dieser Effekte müsste die Schädigungstiefe mit ca. 1000 µm angegeben werden.

gleich zu Cordierit entsprechender relativer Dichte ist das Schädigungsausmaß deutlich niedriger. Insbesondere das NZP zeigt eine vergleichsweise überragende Korrosionsresistenz gegen die eingesetzte Modellasche. Betrachtet man zusätzlich die jeweils zugrunde liegende Porosität, erscheint das Potential dieser Materialien hoch. Daher wird das bisher untersuchte breite Spektrum an unterschiedlichen Materialien für die weiteren Untersuchungen auf diese beiden Stoffe konzentriert.

4.2 Ermittlung der Verträglichkeit zwischen Cordierit und den potentiellen Schutzschichtmaterialien $NaZr_2(PO_4)_3$ und $LaTi_6(PO_4)_9$

Die beiden Materialien $NaZr_2(PO_4)_3$ und $LaTi_6(PO_4)_9$ zeigen in Bezug auf die relative Dichte die beste Ascheresistenz, wobei $NaZr_2(PO_4)_3$ das größere Potential besitzt. Entsprechend der Auslagerung unter Aschekontakt - 1200 °C, 30 min - wurde die Verträglichkeit mit Cordierit ermittelt. Dazu wurde eine Tablette aus gesintertem Schutzschichtmaterial auf poröses Cordierit aufgelegt und als Verbund ausgelagert. Da die möglichen Reaktionen und somit die Schädigungen mit der Dichte des Substrates skalieren, wurde für diesen Versuch ein poröser Cordierit (HITK, plättchenförmiges Substrat) mit einer Porosität, die realen DPF entspricht, verwendet. Somit kann vergleichsweise wenig Substrat mit viel Beschichtungsstoff in Kontakt kommen. Rasterelektronenmikroskopische Aufnahmen der Querschliffe dieser Proben sind in Abbildung 4-17 und Abbildung 4-18 dargestellt.

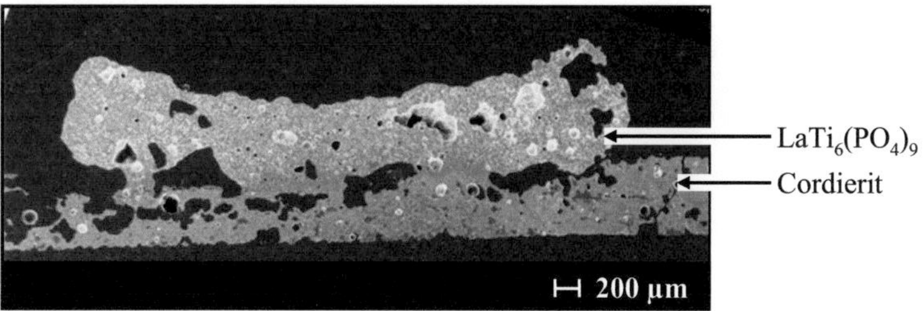

Abbildung 4-17: REM Aufnahme nach erfolgter Auslagerung von LaTi$_6$(PO$_4$)$_9$ auf Cordierit.

Beim LaTi$_6$(PO$_4$)$_9$ auf Cordierit kommt es nach erfolgter Auslagerung zu deutlichen Veränderungen. Die ursprünglich ebene Kontaktfläche zwischen Cordieritsubstrat und der gesinterten LaTi$_6$(PO$_4$)$_9$ Probe ist deutlich deformiert, wobei es anscheinend auch innerhalb der beiden Materialien zu strukturellen Änderungen kommt, was eindeutig gegen den Einsatz als Beschichtungswerkstoff spricht. XRD-Untersuchungen lassen auf einen Zerfall des LaTi$_6$(PO$_4$)$_9$ bei gleichzeitiger Zunahme der entsprechenden Oxide schließen. Eventuell führen die oxidischen Reaktionen zu Temperaturspitzen, wodurch es zur teilweisen Schmelzbildung und somit zur Verformung der Probe kommt. Die Verformung des erweichenden LaTi$_6$(PO$_4$)$_9$ könnte einerseits auf Eigenspannungen zurückgeführt werden, die aus einem beim Pressen des Grünkörpers und anschließender Sinterung hervorgerufenen Dichtegradienten resultieren. Andererseits wäre es denkbar, dass die ablaufenden Reaktionen zwischen Cordierit und LaTi$_6$(PO$_4$)$_9$ zu einer Volumenexpansion in der Grenzschicht führen, weshalb sich der Kontaktbereich aufweitet und sich somit die gesamte Probe verformt. Aufschluss über diese Thesen könnte eine Phasenanalyse der Grenzschicht oder ein Erhitzen einer gesinterten LaTi$_6$(PO$_4$)$_9$ Tablette bis zur Erweichung unter Beobachtung einer eventuellen Gestaltänderung geben.

Abbildung 4-18: REM Aufnahme nach erfolgter Auslagerung von NaZr$_2$(PO$_4$)$_3$ auf Cordierit.

Wird Cordierit im Verbund mit NaZr$_2$(PO$_4$)$_3$ ausgelagert, siehe Abbildung 4-18, zeigen sich praktisch keine Veränderungen, die auf eine stattfindende schädigende Reaktion zwischen den beiden Materialien schließen lassen. Die Kontaktfläche ist nach wie vor eben. Es sind auch keine Hinweise auf eine Schmelzbildung erkennbar. Zum Vergleich: tauscht man das NZP gegen Modellasche, bei sonst gleichen Bedingungen, bleibt vom Cordieritplättchen nur ein äußerer Ring, der nicht mit Asche in Kontakt war, übrig. An der Stelle der ursprünglichen Kontaktfläche bildet sich ein Loch.

Um das Verhalten des NaZr$_2$(PO$_4$)$_3$ ohne Einfluss des Cordierits zu untersuchen, wurden Glühungen in 100 °C Schritten von 900 °C bis 1400 °C durchgeführt. Im für Partikelfilteranwendungen interessanten Temperaturbereich bis 1200 °C ergeben sich im Röntgenspektrum keinerlei Hinweise auf eine Phasenänderung, siehe Abbildung 4-19.

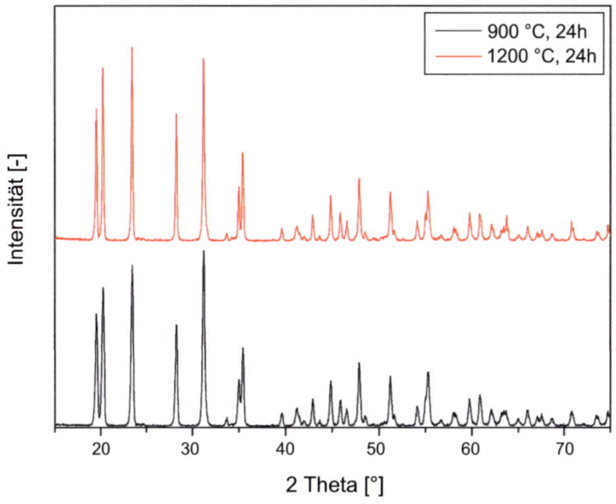

Abbildung 4-19: Phasenanalyse nach unterschiedlicher thermischer Beanspruchung.

Eine Massenänderung wurde durch die Glühung nicht festgestellt. Erst nach Glühungen bei 1400 °C für 24h zeigt sich eine Massenabnahme von 3,09 % gegenüber einer bei 1300 °C geglühten Probe.

Da das $NaZr_2(PO_4)_3$ sowohl eine hohe Resistenz gegen den korrosiven Ascheangriff, als auch eine gute Verträglichkeit mit Cordierit verbunden mit einer ausreichenden Temperaturstabilität zeigt, kommt es weiterhin als Schutzschichtmaterial in Betracht. Für Beschichtungszwecke ist es prinzipiell von Vorteil, wenn der Beschichtungsstoff einen im Vergleich zum Substrat geringeren thermischen Ausdehnungskoeffizienten besitzt. Dadurch wird vermieden, dass es bei einer Temperaturerhöhung zur Ausbildung von Zugspannungen im Substrat kommt.

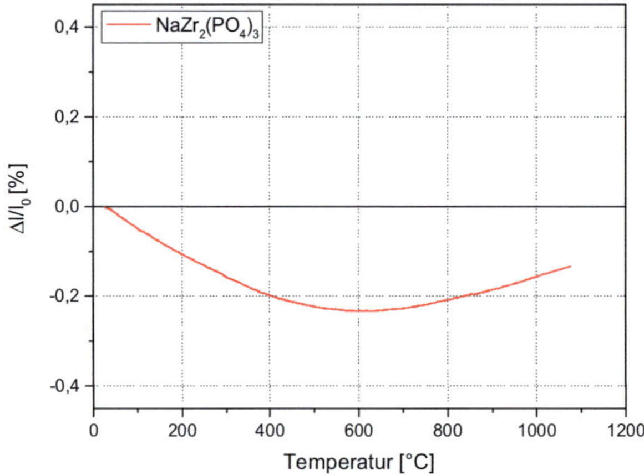

Abbildung 4-20: thermisches Dehnungsverhalten von NaZr$_2$(PO$_4$)$_3$. Der berechnete technische thermische Ausdehnungskoeffizient α beträgt $\alpha_{25\text{-}1000\,°C} = -1{,}58 * 10^{-6}$ K^{-1}.

Mit einem gemessenen thermischen Ausdehnungskoeffizienten von $\alpha_{25\text{-}1000°C} = -1{,}58 * 10^{-6}$ K^{-1} besitzt das NaZr$_2$(PO$_4$)$_3$ einen kleineren Ausdehnungskoeffizienten als Cordierit und erscheint auch in dieser Hinsicht als geeignet.

4.3 Entwicklung einer Beschichtungsmethodik zur Innenporenbeschichtung mikroporöser Cordieritsubstrate

Die durchgeführten systematischen Material- und Eignungstests lassen aus der ursprünglich hohen Zahl an potentiellen Beschichtungsstoffen nur das NaZr$_2$(PO$_4$)$_3$ als geeignet erscheinen. Daher wird eine für dieses Material geeignete Beschichtungsmethodik zur Innenporenbeschichtung mikroporöser Cordierite auf Basis einer Tauchbeschichtung entwickelt.

4.3.1 Beschichtung mittels Partikelsuspensionen

Um einen Bereich zu identifizieren, indem eine elektrostatische Stabilisierung sinnvoll ist, wurden Zeta-Potentialmessungen durchgeführt. Ein hohes Potential spricht für eine gute Stabilisierung, da zwischen den Partikeln elektrostatische Kräfte wirken, die ein Koagulieren bzw. Agglomerieren verhindern und somit die Sedimentationsneigung reduzieren. Die Ergebnisse einer Zeta-Potentialmessung einer wässrigen $NaZr_2(PO_4)_3$ Suspension sind in Abbildung 4-21 dargestellt.

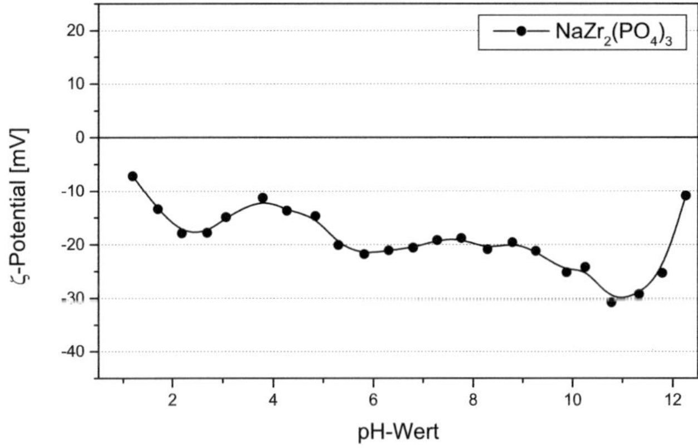

Abbildung 4-21: gemessenes Oberflächenpotential von $NaZr_2(PO_4)_3$ in Wasser.

Über den gesamten untersuchten Bereich von ca. pH 2 bis pH 12 ist das Oberflächenpotential negativ, wobei allgemein ein hinreichend hohes Potential erreicht wird, um eine Stabilisierung zu gewährleisten. Durchgeführte Sedimentationsuntersuchungen zeigen, dass über den gemessenen Bereich alle Suspensionen eine hinreichende Stabilität zeigen und nicht zur Sedimentation neigen – zumindest nicht innerhalb 48 Stunden.

Für die Tauchbeschichtungsversuche wurden mittels der Sol-Gel-Route NZP-Partikel hergestellt, die in Wasser suspendiert wurden. Die Phasenzusammensetzung des synthetisierten Pulvers wurde mittels XRD überprüft und führte - wie schon früher gezeigt - zu phasenreinem $NaZr_2(PO_4)_3$, entsprechend Abbildung 4-1:

Die gute Reproduzierbarkeit der Sol-Gel-Synthese zeigte sich auch in der Partikelgrößenverteilung, die wieder im sub-µ Bereich lag. Die gemessene Partikelgrößenverteilung nach dem Kalzinieren bei 900 °C ist nachfolgend dargestellt:

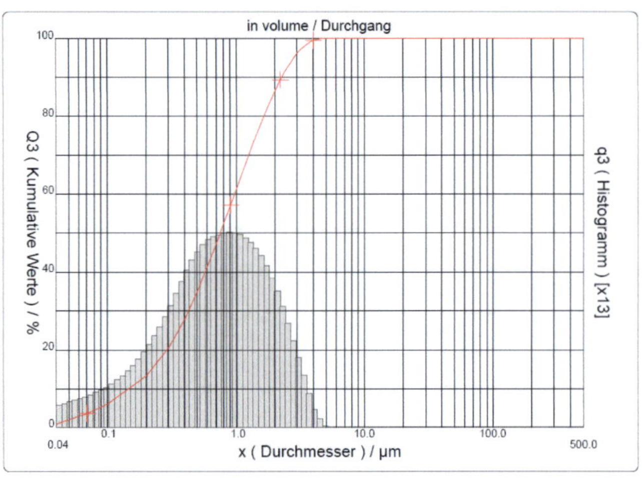

Abbildung 4-22: Partikelgrößenverteilung des mittels Sol-Gel-Verfahren synthetisierten $NaZr_2(PO_4)_3$ - Pulvers.

Der mittlere Partikeldurchmesser des synthetisierten $NaZr_2(PO_4)_3$ beträgt ca. 0,8 µm. Dabei zeigt die Partikelgrößenverteilung einen ausgeprägten Feinanteil, der bis an die untere Auflösungsgrenze des Messgerätes heranreicht. Partikel oberhalb 5 µm sind praktisch nicht vorhanden, weshalb eine Verstopfung der Porenkanäle des Cordierits aufgrund zu großer Partikel unwahrscheinlich ist. Sollte dies dennoch eintreten, ließe sich ein fraktioniertes $NaZr_2(PO_4)_3$ Pulver mit hinreichend kleinem Äquivalentdurchmesser und enger Größenverteilung aus dem vorhandenen Feinanteil mittels Sieben heraustrennen, ohne am Herstellungsprozess oder der Mahlbehandlung Anpassungen vornehmen zu müssen.

Da das Zeta-Potential über einen weiten Bereich betragsmäßig relativ groß ist, erscheint eine Tauchbeschichtung mittels elektrostatisch stabilisierter Suspensionen möglich. Um die Auswirkung verschiedener pH-Bereiche auf eine Tauchbeschichtung zu untersuchen, wurden Suspensionen im sauren Bereich auf etwa pH 2, im neutralen Bereich auf pH 6,5 und im basischen Milieu auf etwa pH 12 eingestellt. Nach erfolgter Tauchbeschichtung und anschließender Trocknung im Klimaschrank wurden die beschichteten Plättchen für je 2 h Temperaturen von 1200 °C bzw. 1300 °C ausgesetzt, um die Haftung zwischen den NZP-Partikeln und dem Substrat zu verbessern. Eine weitere Temperaturerhöhung auf beispielsweise 1400 °C war nicht erfolgreich, da es zum partiellen Aufschmelzen der Substrate kam.

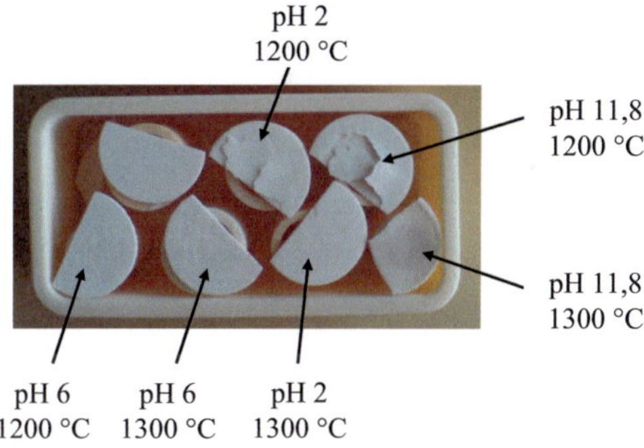

Abbildung 4-23: Bildung teilweise rissbehafteter Deckschichten über dem Substrat.

Ungeachtet der Suspensionsstabilisierung werden substratbedeckende Schichten gebildet, die nach der Temperaturbehandlung bei 1200 °C rissbehaftet sind, siehe Abbildung 4-23. Erst bei 1300 °C bleibt diese Rissbildung aus, was vermutlich auf eine stärkere Anbindung ans Substrat und ein beginnendes versintern innerhalb der Schicht zurückzuführen ist. Die Beschichtungsergebnisse waren augenscheinlich bei allen untersuchten Suspensionen gleich, weshalb exemplarisch nur die Ergebnisse einer Suspensionsvariante dargestellt werden. In Abbildung 4-24 sind rasterelektronenmikroskopische Aufnahmen von Querschliffen der bei pH 2 beschichteten Cordieritsubstrate abgebildet.

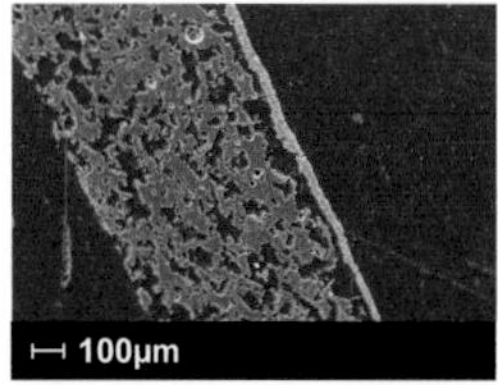 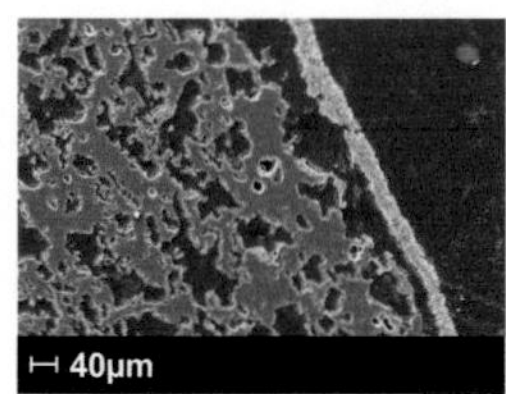 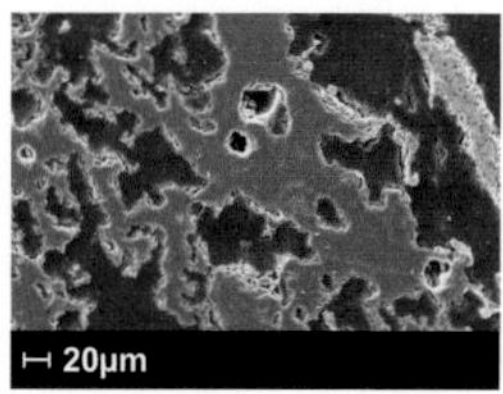

Abbildung 4-24: Schichtausbildung mittels Tauchbeschichtung bei pH 2 und anschließender thermischer Behandlung bei 1200°C.

Über die unterschiedlichen Vergrößerungen hinweg sind durchgängig beschichtete Poren erkennbar. Aber neben dieser angestrebten Belegung der Porenkanäle kommt es zusätzlich zur Ausbildung einer Deckschicht, die das gesamte Substrat überzieht.

Cordieritplättchen, die mit einer bei pH 6,5 und bei pH 11,8 stabilisierten Suspensionen tauchbeschichtet wurden, weisen ebenfalls diese Deckschicht auf und bringen die Filterwirkung des Cordierits deutlicher zum Vorschein: Hier dringen nahezu keine NZP-Partikel in die Poren des Substrates ein, wodurch es anstatt zur gewünschten Innenporenbeschichtung überwiegend zur Ausbildung einer Deckschicht kommt.

4.3.2 Beschichtung mittels Sol-Gel-Verfahren

Um eine Partikelsuspension herstellen zu können, müssen die eingesetzten Materialien zunächst synthetisiert und durch mehrere Mahlbehandlungen zu dispergierfähigen Pulvern aufbereitet werden. Da im Fall des $NaZr_2(PO_4)_3$ die Synthese durch ein Sol-Gel-Verfahren erfolgt, bietet es sich an, die Beschichtung in die Synthese zu integrieren. Bei den meisten bekannten Sol-Gel-Verfahren werden als Edukte Alkoxide eingesetzt, die über Kondensations- und Polymerisationsreaktionen das Gel bilden. Durch eine geschickte Wahl der prozessbeteiligten Stoffe lässt sich die Gelbildungsreaktion in ihrer Geschwindigkeit steuern. Beim Einsatz von Phosphaten hingegen, läuft die Reaktion sehr schnell ab, weshalb der übliche Sol-Gel-Beschichtungsprozess, bei dem das Sol, in das das Substrat getaucht wird, bereits die gelbildenden Stoffe enthält, modifiziert wurde. Statt einer klassischen Sol-Gel-Beschichtung kommt vielmehr eine Herstellung der NZPs in-situ, also während das Substrat im Sol eingetaucht ist, zum Einsatz. Der Beschichtungsprozess wird also in das Herstellungsverfahren integriert.

Als Substrat wurden die vom HITK gelieferten scheibenförmigen Cordierite eingesetzt. Im Unterschied zur Synthese der Schutzschichtmaterialien wurde die Gelbildung erst eingeleitet, wenn das Cordieritplättchen schon in das Sol getaucht war. Nach dem Vorliegen des Gels wurden die beschichteten Proben getrocknet und entsprechend Kapitel 3.4.2 wärmebehandelt. In Abbildung 4-25 sind Querschliffe von mit $NaZr_2(PO_4)_3$ beschichtetem Cordierit im Vergleich zu unbeschichtetem Cordierit dargestellt. Im Gegensatz zu den Schichten, die durch Tauchen in die Partikelsuspension hergestellt wurden, erscheinen die Schichten dichter und homogener.

Cordierit mit NaZr$_2$(PO$_4$)$_3$ –Schicht   **Cordierit ohne Beschichtung**

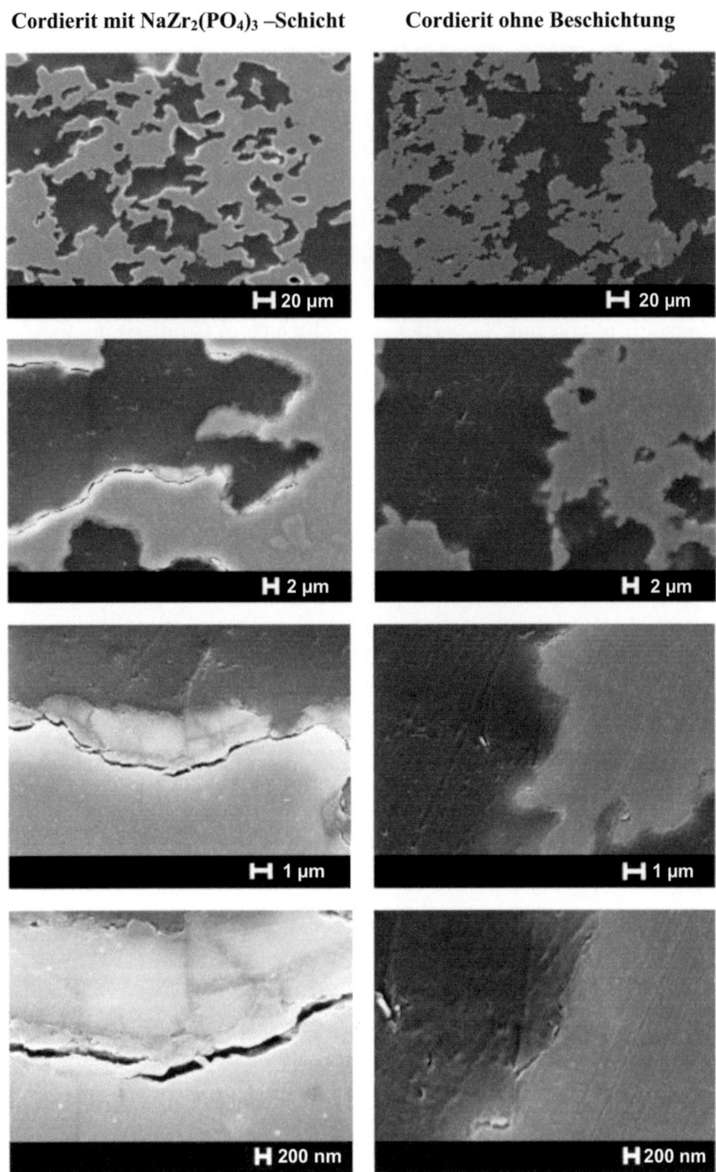

Abbildung 4-25: Vergleich von beschichtetem (links) und unbeschichtetem (rechts) Cordierit.

Neben der Beschichtung von porösem Cordierit mit $NaZr_2(PO_4)_3$ wurde, um den Prozess zu bewerten, auf die gleiche Art eine Beschichtung mit $LaTi_6(PO_4)_9$ sowie - ohne eine Mischung der Kationenlösung einzusetzen - mit den LTP-Bestandteilen La-Phosphat und Ti-Phosphat durchgeführt.

Weitere Beispiele für erfolgreiche Innenporenbeschichtungen sind nachfolgend, siehe Abbildung 4-26, dargestellt.

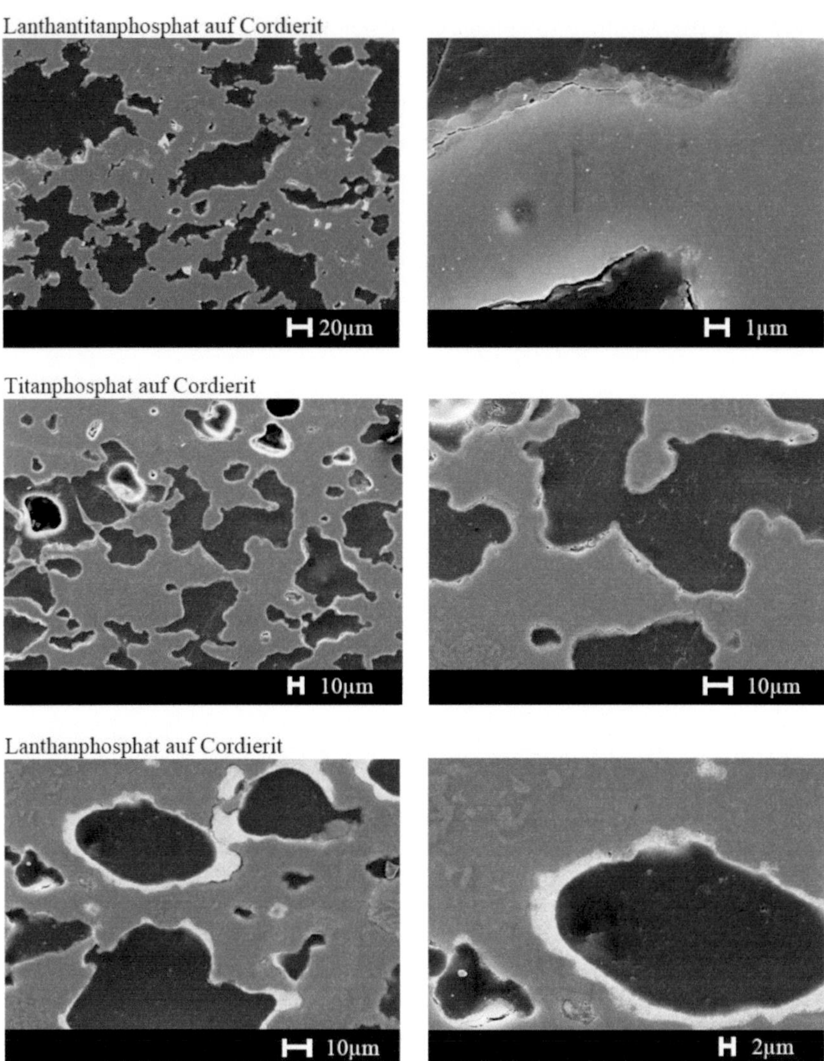

Abbildung 4-26: Schichtmorphologie bei unterschiedlichen Beschichtungsstoffen und variierter Sol-Gel-Parameter.

Neben dem Schichtnachweis mittels REM-Aufnahmen wurden EDS-Messungen durchgeführt, deren qualitative Auswertung bestätigt, dass entsprechend der angestrebten Schutzschichtzusammensetzung die gewünschten Elemente in der Schicht vorhanden sind.

Die Ergebnisse zeigen, dass über das System $NaZr_2(PO_4)_3$ hinaus, Schichten auf die Porenwände aufgebracht werden können. Die Integration des Beschichtungsprozesses in das Syntheseverfahren führt bei den hier untersuchten phosphatbasierten Materialien zu einer Belegung der mikroporösen Porenkanäle. Welche Prozessparameter jedoch erforderlich sind, um Schichten zu erhalten, die das Cordieritsubstrat in realitätsnahen Testszenarien gegen den korrosiven Ascheangriff schützen, soll im nachfolgenden Kapitel untersucht werden.

4.4 Bewertung der Schutzschicht und ihrer Wirksamkeit

Mittels eines modifizierten Sol-Gel-Beschichtungsverfahren lassen sich die Porenkanäle der Cordieritsubstrate mit einer dünnen Schicht belegen. Die Frage, ob die Schicht auf allen Porenwänden rissfrei ausgebildet ist und den Cordierit vor der korrosiven Asche schützt, soll in diesem Kapitel untersucht werden. REM-Aufnahmen lassen zwar zweifelsfrei Rückschlüsse über eine vorhandene Schicht zu, aber zur Beurteilung der Schichtwirksamkeit sind sie nicht geeignet. Erst durch ein realistisches Testszenario kann ermittelt werden, ob durch die Beschichtung eine Schutzwirkung aufgebaut werden kann. Außerdem kann eine Parametervariation des Beschichtungsprozesses bei gleichzeitiger Rückkopplung der Ergebnisse aus der Quantifizierung der Schutzschichtwirksamkeit Aufschluss über geeignete Schutzschichten und die notwendigen Prozessparameter geben, um definierte Schichten gezielt einstellen zu können.

4.4.1 Charakterisierung der ausgebildeten Beschichtung

Zur Charakterisierung der ausgebildeten Schicht werden rasterelektronenmikroskopische Aufnahmen an Bruchflächen herangezogen. Im Gegensatz zu Schliffen, wo eingebettete Proben poliert werden müssen, bietet die Untersuchung der Bruchfläche den Vorteil, dass man die Schicht im unmanipulierten Zustand über eine größere Fläche betrachten kann, wobei sehr dünne Schichten analysiert und hinsichtlich einer eventuellen Rissanfälligkeit bewertet werden können. Da das bloße Vorhandensein einer Schicht noch keine Aussage über deren Zusammensetzung erlaubt, wurden XPS Analysen zur Bestimmung der oberflächennahen Elemente durchgeführt.

Die nachfolgend dargestellten Beschichtungsvarianten sind mit NZP-Sy, NZP 1:1 und NZP 1:4 gekennzeichnet. Die Variante NZP-Sy folgt dem Syntheseprozess des $NaZr_2(PO_4)_3$. Dementsprechend wurden die Substrate in das Sol aus Kationen eingetaucht und die Anionenlösung langsam zugetropft. Bei den mit NZP 1:1 und NZP 1:4 gekennzeichneten Beschichtungen, die sich in der Anionenkonzentration unterscheiden, wurde der Beschichtungsprozess umgekehrt durchgeführt. Hier wurden die Substrate in die Anionenlösung der Konzentration 1 N bzw. 0,25 N eingetaucht, evakuiert und wenn keine Blasenbildung mehr erkennbar war, wurden die Kationen langsam zugegeben. Dieses Verfahren führt zu extrem dünnen Schichten, die nachfolgend dargestellt und untersucht werden.

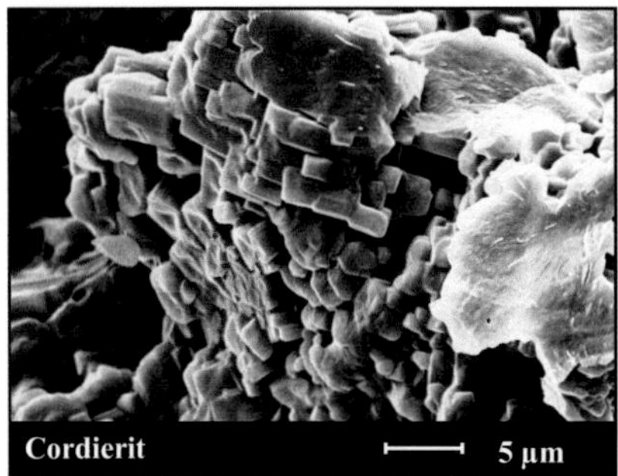

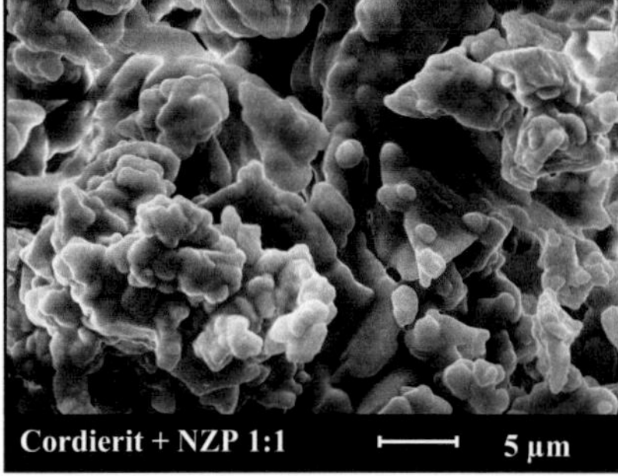

Abbildung 4-27: REM Aufnahme einer Innenpore (Bruchfläche). Links: unbeschichtetes Cordierit im Herstellungszustand, rechts: mit NZP 1:1 beschichtetes Cordierit.

Während in Abbildung 4-27 und Abbildung 4-28 im jeweils linken Teilbild eine Aufnahme von Cordierit im unbeschichteten Zustand die scharfkantige Struktur der einzelnen Körner zeigt, sind in den Teilbildern (rechts) die Schichten zu erkennen. Die Unterschiede hinsichtlich der Schichtmorphologie sind gering. Bei der Variante NZP 1:1 ($\Delta m = 2{,}07 \pm 0{,}08$ %) erscheint die Schicht etwas stärker ausgebildet, während bei der Variante NZP 1:4 ($\Delta m = 1{,}84 \pm 0{,}06$ %) die kantigen Körner des Cordierits noch ein wenig deutlicher unter der Schicht hervortreten. Aber generell sind bei beiden Beschichtungsvarianten die ausgebildeten Schichten, die sich wie ein dünner Film über die gesamte körnige Cordieritstruktur legen, sehr dünn.

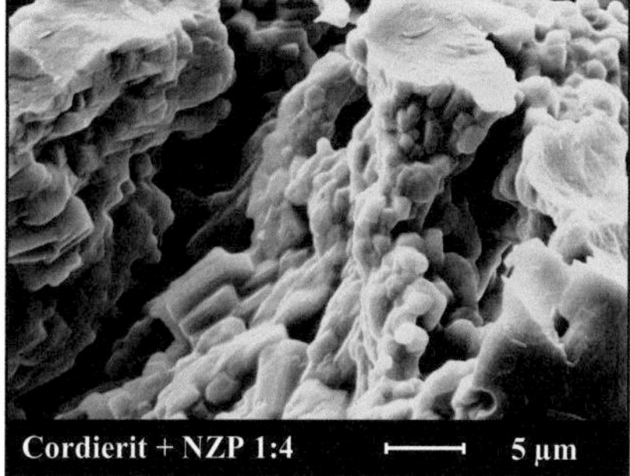

Abbildung 4-28: REM Aufnahme einer Innenpore (Bruchfläche). Links: unbeschichtetes Cordierit im Herstellungszustand, rechts: mit NZP 1:1 beschichtetes Cordierit.

Zur Untersuchung der Elementzusammensetzung an der Oberfläche, wurden von den unterschiedlich beschichteten Proben XPS-Messungen durchgeführt. Der untersuchte Messbereich ist laut Herstellerangabe bei der hier eingesetzten mittleren Analysenauflösung kreisförmig und besitzt einen Durchmesser von ca. 3 mm. Für alle drei Beschichtungsvarianten wurden die gewünschten Elemente Natrium, Zirkonium und Phosphor detektiert. In Abbildung 4-29 ist für die Variante NZP 1:4 das gemessene Spektrum im Vergleich zu unbeschichtetem Cordierit dargestellt.

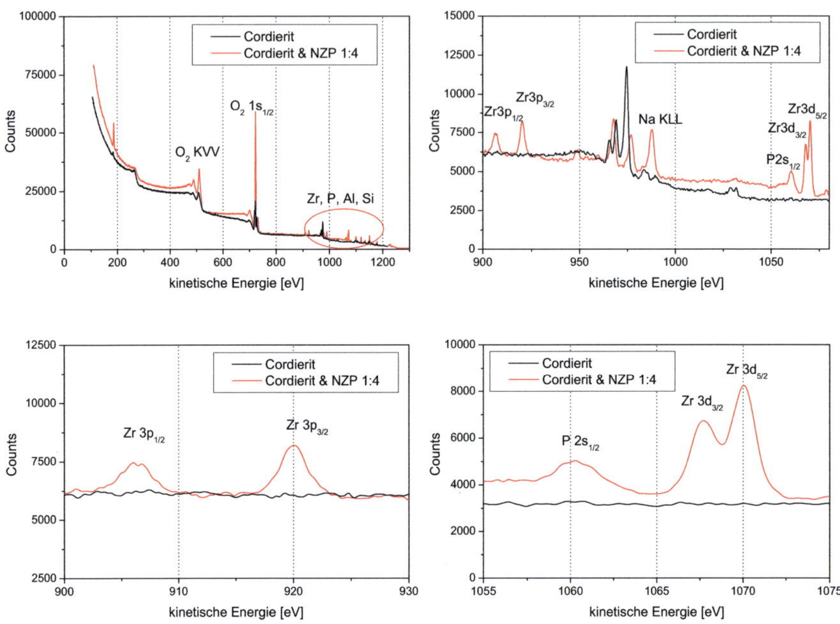

Abbildung 4-29: Gemessene XPS-Spektren von unbeschichtetem und mit NaZr$_2$(PO$_4$)$_3$ beschichtetem Cordierit.

Im Unterschied zum unbeschichteten Cordierit zeigt das XPS-Spektrum des mit NaZr$_2$(PO$_4$)$_3$ beschichteten Substrates die charakteristischen Peaks der gesuchten Elemente. Der auch im Substrat enthaltene Sauerstoff zeigt sich im KVV1-Peak bei 508 eV deutlich. Zwischen 719 eV und 722 eV befinden sich im Spektrum des Cordieritsubstrates zwei Peaks, die typisch für oxidisch gebundenen Sauerstoff sind.

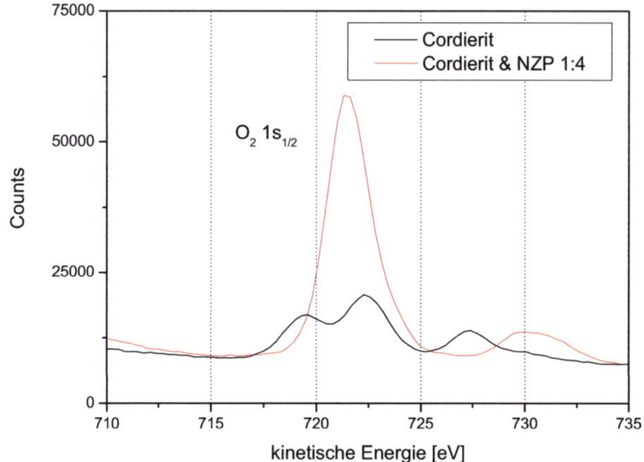

Abbildung 4-30: Ausschnitt aus dem XPS-Spektrum zur Visualisierung der Änderung des Sauerstoff 1s$_{1/2}$ Peaks.

Beim beschichteten Substrat überlappen die Sauerstoff 1 s$_{1/2}$ Peaks, was den gewechselten Bindungszustand im beschichteten Fall zeigt. Im Energiebereich von 900 eV bis 950 eV sind die zum Zirkonium zugehörigen 3p-Orbitale zu erkennen. Die 3d-Orbitale finden sich bei 1067 eV und 1070 eV im Spektrum. Für Natrium wird die typische KLL-Linie bei 989,6 eV erhalten, was auf vorhandenes Natrium an der Oberfläche zurückzuführen ist. Bei 1060,3 eV ist der Peak des P2s$_{1/2}$ zu sehen, der die Anwesenheit von Phosphor bestätigt.

4.4.2 Quantifizierung der Schutzschichtwirksamkeit an beschichteten Cordieritplättchen

Nachfolgend sind die Ergebnisse aus K3K-Tests an mit NaZr$_2$(PO$_4$)$_3$ beschichteten Corderitplättchen im Vergleich zum unbeschichteten Substrat dargestellt. Die Auswirkungen der unterschiedlichen Beschichtungsprozesse auf die Bruchfestigkeit sind in Abbildung 4-31 dargestellt.

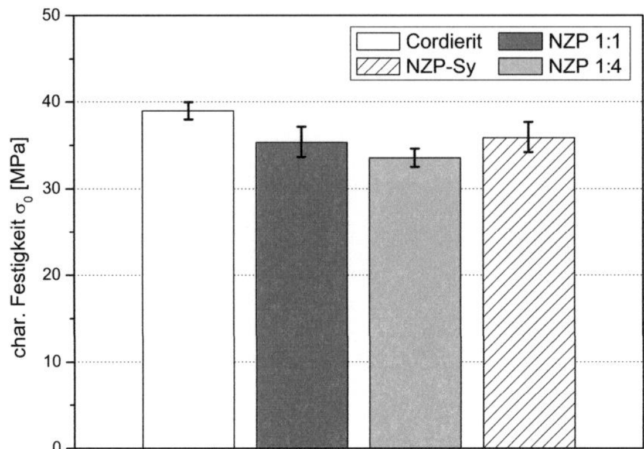

Abbildung 4-31: Bruchspannungen von mit NaZr$_2$(PO$_4$)$_3$ beschichtetem und unbeschichtetem Cordierit. Bei NZP 1:1 sind Ausgangssole der Konzentration 1 N eingesetzt worden, bei NZP 1:4 wurden die Anionen vierfach verdünnt. Die als NZP-Sy bezeichnete Variante folgt dem Syntheseprozess des Pulvers.

Cordierit im Anlieferungszustand besitzt die höchste Festigkeit. Beschichtetes Cordierit verliert generell an Bruchfestigkeit, bleibt aber ungeachtet des Beschichtungsablaufes auf vergleichbarem Niveau. Diese Verhältnisse ändern sich, wenn die Proben thermozyklisch ausgelagert werden, siehe Abbildung 4-32.

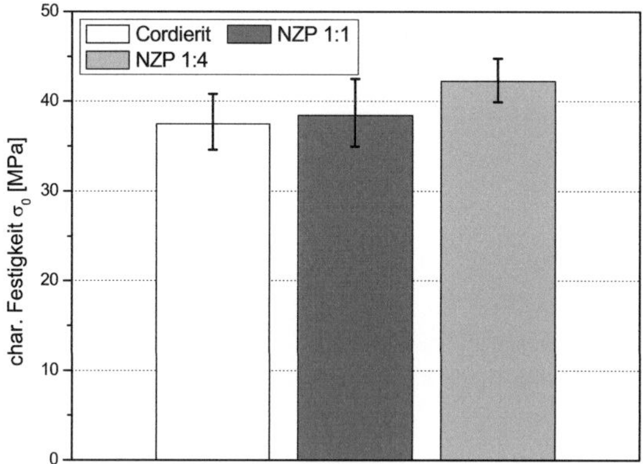

Abbildung 4-32: Bruchfestigkeiten nach thermozyklischer Auslagerung (10 x 1200 °C) ohne schädigende Asche.

Der durch die Beschichtung hervorgerufene anfängliche Rückgang in der Bruchfestigkeit wird durch eine thermozyklische Auslagerung revidiert. Hier liegen beschichtete und unbeschichtete Cordieritplättchen auf einem vergleichbar hohen Niveau, das die Festigkeit von unbeschichtetem Cordierit im Anlieferungszustand sogar übersteigt.

Die Bruchfestigkeit der beschichteten und unbeschichteten Substrate nach thermozyklischer Auslagerung unter Aschekontakt (340 g/l) stellt den wichtigsten Test zur Charakterisierung der Schutzschichtwirksamkeit dar, da hier die kritischen Regenerationsbedingungen nachgestellt werden. Die ermittelten Bruchfestigkeiten sind in Abbildung 4-33 gezeigt. Die gemessenen Festigkeiten der zyklierten beaschten Proben sind signifikant geringer, als bei unbeaschten Proben. Der schädliche Einfluss der korrosiven Modellasche kommt somit deutlich zum Ausdruck.

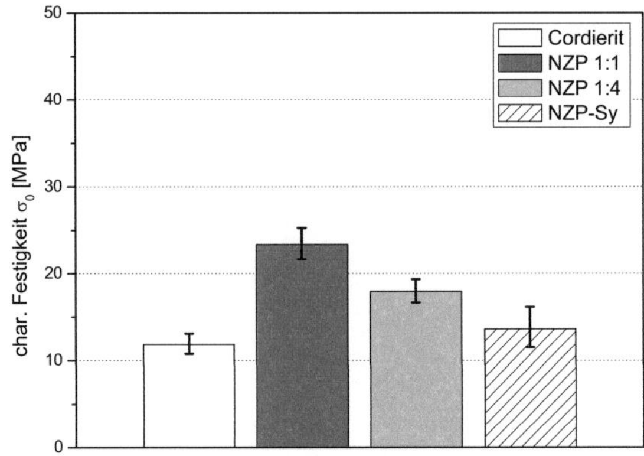

Abbildung 4-33: Bruchfestigkeit beschichteter und unbeschichteter Cordierite nach thermozyklischer Auslagerung mit worst-case Aschebeladung.

Ungeschütztes Cordierit verliert dramatisch an Festigkeit. Auch bei der Beschichtungsvariante NZP-Sy ist die Festigkeitsdegradation vergleichsweise hoch. Erst durch die Beschichtung NZP 1:4 werden höhere Festigkeiten erzielt, während die Variante NZP 1:1 eine signifikant höhere Restfestigkeit aufweist. Zwar ist auch hier eine Degradation feststellbar, aber dennoch ist die Restfestigkeit etwa doppelt so hoch, als bei unbeschichtetem, also ungeschütztem Cordierit. Insofern zeigen die aufgebrachten Beschichtungen eine deutlich schützende Wirkung.

Von den geschädigten Proben wurde nach erfolgter Zyklierung die offene Porosität nach der Wassereindringmethode nach Archimedes bestimmt. Es zeigt sich, dass die ursprünglich vorhandene offene Porosität von ca. 45 % für Cordierit im Anlieferungszustand deutlich reduziert wurde, was auf das Eindringen der Asche in die Poren zurückzuführen ist.

Material	offene Porosität [%]	Std.-abw.
Cordierit ohne Asche	45,2	1,6
Cordierit mit Asche	24,6	1,3
NZP 1:1 mit Asche	29,7	2,1
NZP 1:4 mit Asche	27,1	1,9
NZP-Sy mit Asche	25,5	2,8

Tabelle 4-3: Offene Porosität nach erfolgter Themozyklierung unter Aschekontakt.

Die unterschiedlichen Beschichtungen führen bei gleicher Aschebeladung zu einer vergleichbaren Verringerung der offenen Porosität. Dementsprechend wird das Eindringen von geschmolzenen Aschemengen nicht verhindert, wohl aber der schädliche Einfluss auf die Festigkeit reduziert. In REM-Aufnahmen von Schliffen ist die durch die Asche hervorgerufene Veränderung der Porosität deutlich zu erkennen, wobei sie für unbeschichtetes Cordierit am stärksten auffällt. Hier ist die Asche bis zur Substratmitte vorgedrungen und hat die ganze Gestalt der Probe verändert, siehe Abbildung 4-34. Auch die Umrisse der Probe erscheinen nicht mehr parallel, was darauf hindeutet, dass es bei der Temperaturbelastung bis 1200 °C zu einer Erweichung des gesamten Materialverbundes kommt.

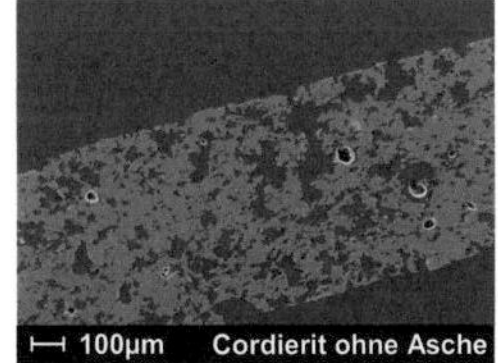

Abbildung 4-34: Vergleich der Porenmorphologie nach Aschekontakt.

Auch bei den beschichteten Cordieritproben kann eine deutliche Veränderung der Porenstruktur nicht verhindert werden. Allerdings führt die Ascheschmelze nicht zu vergleichbar starken Veränderungen bis in die Substratmitte, was darauf hindeutet, dass die Mobilität der Ascheschmelze bei den beschichteten Proben eingeschränkt ist. In Längsschliffen in Höhe der Substratmitte, Abbildung 4-35, wird der Unterschied zwischen beaschtem Cordierit und beschichtetem, beaschten Cordierit noch offensichtlicher, wo deutlich mehr Poren zu sehen sind.

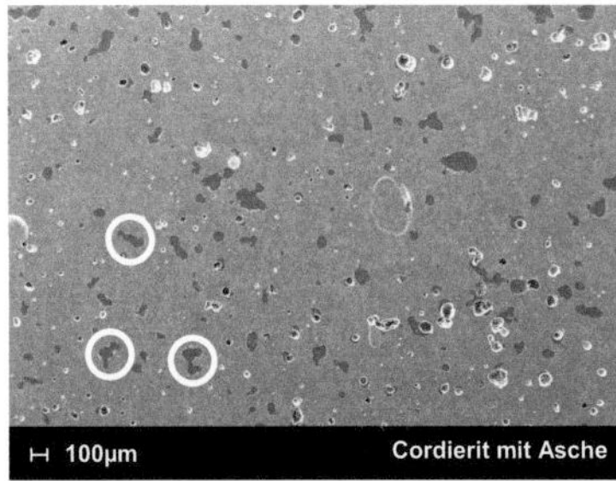

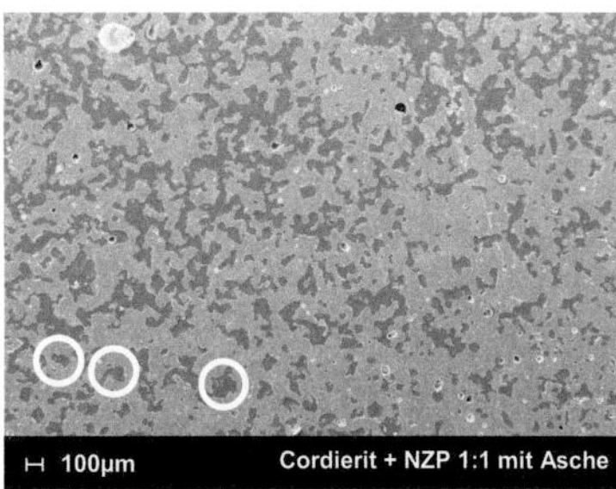

Abbildung 4-35: Längsschliff in Höhe der Substratmitte nach durchgeführter Thermozyklierung unter Aschekontakt. Einige Poren sind exemplarisch markiert.

4.4.3 Übertragung der Beschichtungsroute auf Cordierit Wabenkörper

Die Beschichtungsvariante NZP-Sy hat bei den Plättchen den geringsten Erfolg gezeigt, weshalb bei den 3x3 Zellern nur die beiden Verfahren eingesetzt werden, bei denen das Substrat in das Anionen enthaltende Sol getaucht wird und dann die Gelierung durch Zugabe der Kationen eingeleitet wird.

Um die durch die Beschichtung hervorgerufenen Änderungen zu bewerten, werden die Wabenkörper, entsprechend den Versuchen an den Plättchen, im Temperaturbereich von 300 °C bis 1200 °C thermozyklisch ausgelagert und die Bruchlasten im 4-Pkt.-Biegeversuch gemessen. Eine Umrechnung auf Spannungen wird nicht durchgeführt, da sich aufgrund veränderter Stegquerschnitte das Widerstandsmoment der aschebeladenen Wabenkörper von dem unbeaschter Körper unterscheidet. Würde man für beide Prüfungen vom gleichen Widerstandsmoment ausgehen, was einen minimalen Fehler in der Bruchspannung zur Folge hätte, würde bezüglich der Wirksamkeit der Schicht die gleiche Aussage getroffen, die sich durch den Vergleich der Bruchlasten ergibt. In Abbildung 4-36 sind

die Bruchkräfte der Wabenkörper im Anlieferungszustand und direkt nach erfolgter Beschichtung dargestellt.

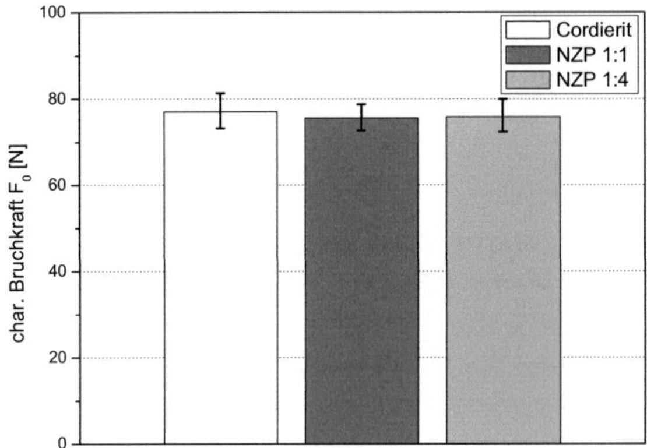

**Abbildung 4-36: Mittels Vier-Punkt-Biegeverfahren gemessene Bruchkräfte an unbe-
schichteten und beschichteten Cordierit-Wabenkörpern.**

Zwischen den einzelnen Chargen zeigen sich faktisch keine Unterschiede in den
Bruchlasten. Auch die Fehlerbalken, die den 90 % Vertrauensbereich wiederge-
ben, sind nahezu identisch. Eine durch die Beschichtung hervorgerufene Änderung in den ertragbaren Lasten kann daher nicht beobachtet werden.

In Abbildung 4-37 sind REM Aufnahmen von Bruchflächen von Cordierit-3x3-
Zellern dargestellt, die einen Blick in die offenen Poren der Stegwände erlauben.
Im obigen Teilbild ist eine Bruchfläche eines Wabenkörpers im Anlieferungszustand gezeigt. Bei höherer Vergrößerung sieht man die scharfkantige Struktur
der einzelnen Körner. Im Vergleich dazu ist im unteren Bildbereich die bedeckende Schicht deutlich erkennbar. Generell ist die Schichtausbildung sehr ähnlich zu den Schichten auf den scheibenförmigen Cordieritsubstraten, wie im vo-
rigen Kapitel dargestellt.

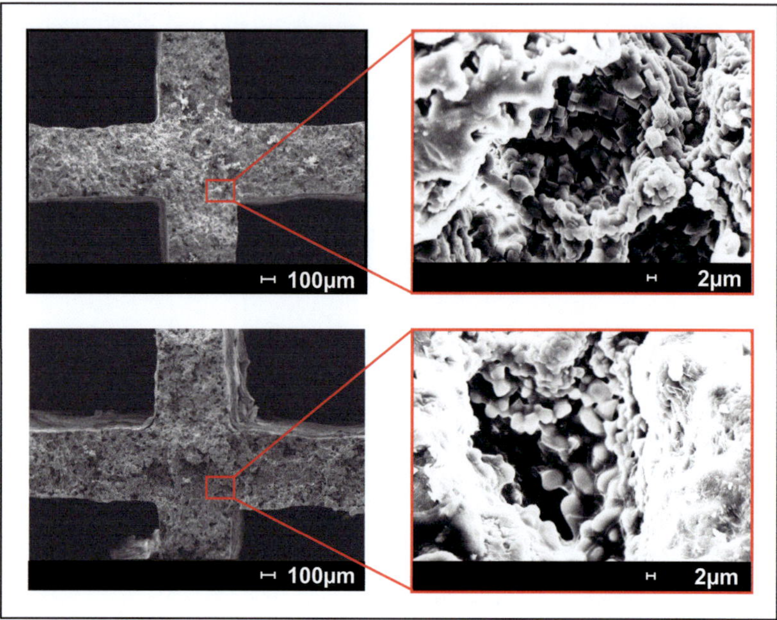

Abbildung 4-37: Beschichtung von Cordierit Wabenkörpern. Bruchaufnahmen von Wabenkörpern im Anlieferungszustand (oben) und beschichteten 3x3 Zellern (unten).

Bei Variante NZP 1:1 bzw. NZP 1:4 beträgt die durch die Beschichtung hervorgerufene Massenzunahme 8,06 % ($\pm$ 0,37 %) bzw. 3,41 % ($\pm$ 0,28 %) und ist somit deutlich höher, als bei den Plättchen. Dementsprechend erkennt man in Abbildung 4-37 eine dünne Schicht entlang der Wabenstruktur. Diese Schicht trägt zusammen mit „freien" Partikeln, die sich beim Herausnehmen der 3x3 Zeller aus dem Beschichtungsbad im Abtropfbereich bildeten, siehe Abbildung 4-38, zur erhöhten Massenzunahme bei.

Die offene Porosität verringert sich durch die Beschichtung nur geringfügig von gemessenen ca. 44 % auf etwa 40 %.

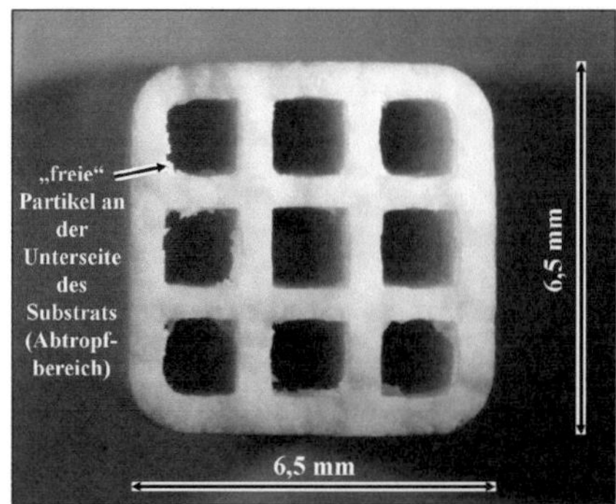

Abbildung 4-38: Blick in die Kanalstruktur eines beschichteten 3x3 Zellers. Erkennbar sind „freie" Partikel, die sich auf der Unterseite (Abtropfbereich beim Trocknen) gebildet haben.

Um die Schutzwirkung gegen den thermochemischen Angriff zu ermitteln, wurden die Bruchlasten, die im 4-Pkt.-Biegeversuch nach erfolgter thermozyklischer Auslagerung unter Aschekontakt (worst-case Beladung von 340 g/l) bestimmt wurden, herangezogen.

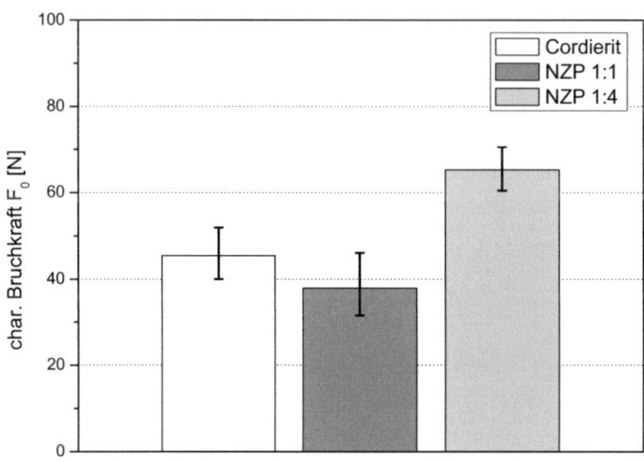

Abbildung 4-39: Mittels 4-Pkt.-Biegung ermittelte Bruchlasten nach erfolgter thermozyklischer Auslagerung (10 mal 1200 °C) unter Aschekontakt von unbeschichtetem und beschichtetem Cordierit.

Während im Ausgangszustand die Bruchlasten von unbeschichtetem und be-schichtetem Cordierit nahezu gleich sind, führt die thermozyklische Auslage-rung unter Aschebeladung zu einem deutlichen Rückgang der Bruchlasten. Da-bei zeigt sich, dass mit Variante NZP 1:1, die bei der Beschichtung der Plättchen zu den besten Resultaten führte, bei den 3x3 Zellern die geringsten Bruchlasten erhalten werden. Eine schützende Wirkung kann für diese Beschichtung nicht nachgewiesen werden. Für die Variante NZP 1:4 hingegen, sind die gemessenen Bruchlasten signifikant höher, als bei unbeschichtetem Cordierit. Hier ist eine durch die Beschichtung hervorgerufene Schutzwirkung deutlich erkennbar.

5 Diskussion

Die Ergebnisse der einzelnen Experimente, die in einer Innenporenbeschichtung von Cordierit zur Minderung der durch Aschebestandteile hervorgerufenen korrosiven Schädigungen bei Temperaturen bis 1200 °C münden, werden nachfolgend diskutiert. Dabei spielt die Materialauswahl hinsichtlich korrosiver Schutzwirkung und Verträglichkeit mit Cordierit eine ebenso bedeutende Rolle, wie die Etablierung eines Beschichtungsverfahrens, welches geometrisch einfache Substrate überwindet und sich zur Beschichtung komplexer Strukturen eignet.

5.1 Auswahl potentieller Schutzschichtmaterialien

Zur Auswahl geeigneter Schutzschichtmaterialien sind mindestens drei Grundvoraussetzungen zu bewerten, die in ihrer Bedeutung auf gleicher Stufe stehen: Die Herstellbarkeit, das Verhalten gegenüber dem korrosiven Ascheangriff sowie die Verträglichkeit zum eigentlichen Substratwerkstoff Cordierit. Nachfolgend werden diese Punkte diskutiert, wodurch sich die Anzahl möglicher Schutzschichtmaterialien einengt, um schließlich das Material herauszudeuten, welches für die gegebene Aufgabenstellung das größte Potential besitzt.

5.1.1 Herstellung von Schutzschichtmaterialien und vergleichende Charakterisierung der Ascheresistenz

Da ein Großteil der potentiellen Materialien kommerziell nicht verfügbar war, wurde mit der Synthese dieser Materialien nach einem Sol-Gel-Verfahren bzw. über die Pulverroute begonnen. Mit Ausnahme des $CsZr_2(PO_4)_3$ und $SrZr_4(PO_4)_6$ besitzen die mittels Sol-Gel-Verfahren hergestellten Materialien eine im Vergleich zu den aus Pulvermischungen erhaltenen Produkten eine höhere spezifische Oberfläche, siehe Tabelle 4-1. Zurückzuführen ist dies auf das Synthese-Verfahren, wobei die Partikel aus molekularen Vorstufen entstehen, was im Allgemeinen zu einer kleineren Partikelgröße und somit höheren Oberfläche führt. Dass die Materialien trotzdem geringe Oberflächen aufweisen, kann an einer für das jeweilige Material nicht optimierten Kalzinierung liegen, die pauschal bei 900 °C für die mittels Sol-Gel-Verfahren und bei 1000 °C für die über die Festkörpersynthese hergestellten Materialien für je 24 h durchgeführt wurde.

In Bezug auf die Dichte der synthetisierten Pulver zeigt sich, dass eine Substitution des M-Platzes dann zu vergleichbaren End-Dichten führt, wenn die Substituenten die gleiche Wertigkeit besitzen bzw. aus der selben Hauptgruppe stammen und somit zur gleichen NZP-Grundstruktur führen. Bei den zweiwertigen Substituenten ist die Dichte geringer und führt bei den Elementen Ca und Sr zur praktisch gleichen Dichte. Nur $MgZr_4(PO_4)_6$ fällt aus dieser Reihe heraus, wie auch mit der spezifischen Oberfläche, die mit gemessenen 100,6 m²/g den höchsten Wert erreicht (Tabelle 4-1). Die große Abweichung der einzelnen spez. Oberflächen könnte an der Kalzinierbedingung liegen, die zwar für alle Materialien gleich war, was aber nicht bedeutet, dass sie für alle Stoffe optimal war. Eventuell haben vereinzelt bereits Sintereffekte eingesetzt, wodurch es zum Partikelwachstum und somit zum Rückgang der spezifischen Oberfläche kommt. Eine angepasste Prozessführung mit für die einzelnen Materialien optimalen Kalzinierbedingungen könnte zu einheitlicheren Werten führen. Bei den mittels Pulvermischungen erhaltenen NZPs liegen die gemessenen Dichten im Bereich von 3,2 bis 3,3 g/cm³, wobei beim $LaTi_6(PO_4)_9$ eine deutlich geringere Dichte erhalten wird - ungeachtet, welches Syntheseverfahren verwendet wurde. Diese Diskrepanz kann nur dadurch erklärt werden, dass das erhaltene Pulver nicht phasenrein war. Generell zeigten die XRD-Messungen (Kap. 4.1.1), dass mittels Festkörpersynthese hergestellte Pulver TiP_2O_7 als Fremdphasen, sowie teilweise unreagierte Edukte aufweisen, wie dies auch beim $LaTi_6(PO_4)_9$ der Fall war. Bei den Pulvern, die mittels Sol-Gel-Verfahren synthetisiert wurden, konnten mittels XRD-Analyse allenfalls geringe Spuren von Fremdphasen, beispielsweise beim $MgZr_4(PO_4)_6$, gefunden werden, die allerdings aufgrund fehlender Übereinstimmung zu den vorhandenen Datensätzen aus der JCPDS-Datei keiner Verbindung zugeordnet werden konnten.

Grundsätzlich konnte bestätigt werden, dass, zumindest für die meisten mittels Sol-Gel-Verfahren hergestellten Materialien, die Synthese phasenreiner Pulver erfolgte und somit die Grundlage zur Herstellung der für die weiteren Versuche erforderlichen Proben gegeben ist. Bei der Sinterung zeigte sich, dass die erhaltenen Massivproben allesamt eine deutliche Restporosität aufweisen, was typisch für NZP basierte Materialien ist [181,184-187,194]. Die Sinteraktivität der mittels Sol-Gel-Verfahren hergestellten Pulver ist zwar höher als die der über Festkörperreaktionen erhaltenen Pulver, aber dennoch gering. Dementsprechend liegen die relativen Dichten der unterschiedlichen Materialien im Bereich von ca. 55 % bis etwa 85 % (vgl. Abbildung 4-16). Dabei zeigt sich die Tendenz, dass mit den Pulvern auf Sol-Gel-Basis höhere relative Dichten erreicht wurden. Allerdings muss beachtet werden, dass die durchgeführte Sinterung für alle NZP-Materialien gleich war und einen Kompromiss hinsichtlich Temperaturführung und Dauer darstellt. Daher muss davon ausgegangen werden, dass der Sinterprozess für die jeweiligen Materialien nicht zwingend optimal war und somit noch Verbesserungspotential birgt. Eine Sinteroptimierung wurde bewusst nicht durchgeführt, da die hergestellten Tabletten hinsichtlich ihrer Ascheresistenz im Vergleich zu Cordierit bewertet werden. Liegen beide Materialien mit vergleichbarer Porosität vor, kann eine Aussage bezüglich der jeweiligen Interaktion mit Aschebestandteilen getroffen werden. Da durch den Einsatz der FAST-Technik und einer Art Heißpresse, vergleiche Kapitel 3.1.1 unterschiedlich poröse Cordierite hergestellt werden konnten, ist eine Vergleichbarkeit gegeben und eine eindeutige Bewertung in Relation zu Cordierit möglich. Die unterschiedlich porösen Cordieritsubstrate werden umso stärker durch Aschebestandteile geschädigt, je poröser sie sind. Im untersuchten Porositätsbereich scheint der Zusammenhang aus Schädigungstiefe und Porosität des Cordierits näherungsweise linear (Abbildung 4-16), wobei einzelne Proben bei gleicher Porosität unterschiedliche Schädigungstiefen aufweisen können, wenn die Porenmorphologie in der Nähe zur Aschekontaktzone ein Eindringen und Ausbreiten von Schmelze begünstigt oder vermindert. Diese kapillarkraftunterstützte Ausbreitung ist schematisch in Abbildung 5-1 näher erläutert. So können große Kanäle, die tief und auf direktem Weg ins Substratinnere führen, zwar größere Mengen an Schmelze transportieren, aber dünne Porenkanäle können, aufgrund ihrer Kapillarwirkung, die Schmelze „aktiv" transportieren. In welchem Maß die

Schmelze oder deren Bestandteile transportiert werden kann, ist qualitativ in Abbildung 4-7 zu sehen, wo der bräunliche Rand um die Aschetablette von einem radial verzweigten Stofftransport, der durch die Porenkanäle erfolgt, herrührt. Bei zunehmender Dichte und somit abnehmender offener Porosität des Substrates erkennt man im gleichen Bild, dass die Ausbreitungsart gewechselt hat. Hier kommt eher ein Zerfließen der Schmelze, als ein Flüssigkeitstransport über Kapillarwirkung zum Tragen.

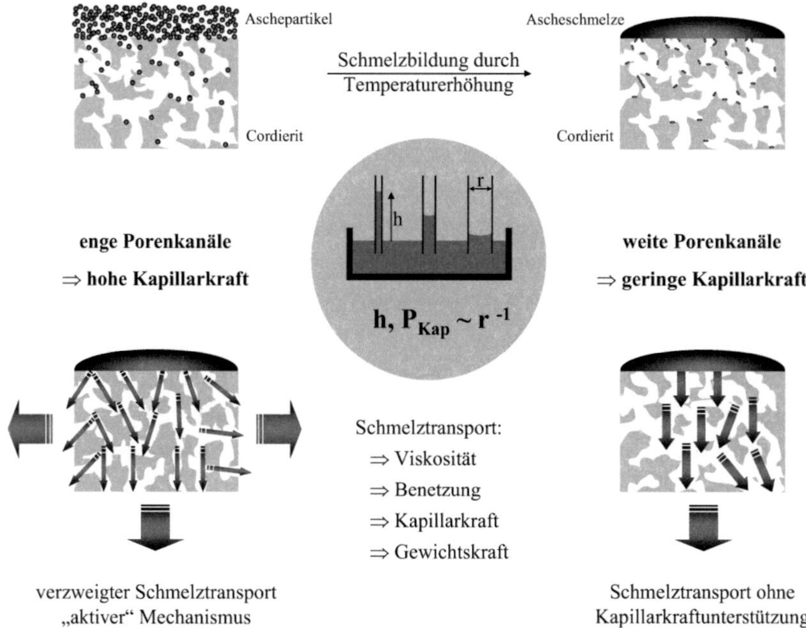

Abbildung 5-1: Schematische Darstellung des Schmelztransports bei benetzenden Flüssigkeiten ($\theta < 90\,°$). Enge Porenkanäle können aufgrund hoher Kapillarkräfte die Schmelze „aktiv" ins Substratinnere befördern, wobei es zu einer ausgeprägten Verteilung der Schmelze (Löschblatteffekt) innerhalb des Porensystems kommt. Fehlt die Kapillarkraftunterstützung, findet ein Stofftransport vorwiegend aufgrund der Gravitationskraft statt, wodurch sich der Aschestrom bei entsprechender Porenmorphologie zwar tief, aber wenig verzweigt ausbreitet.

Eine weitere Einflussgröße auf die Verbreitung der Schmelze liegt in ihrer Mobilität, die einerseits von ihrer Viskosität, also Aschezusammensetzung sowie Temperatur und andererseits vom Benetzungsvermögen abhängt. Sowohl die Schliffbilder als auch die Aufnahmen der geschmolzenen Aschetabletten zeigen für die verschiedenen Substrate ein unterschiedliches Verhalten der Asche. Auf Cordierit, siehe Abbildung 4-7 und Abbildung 4-9, zerfließt die Asche stark, was durch flache Benetzungswinkel, die sich in den Schliffbildern zeigen, begleitet wird. Auch auf TiO_2 ist eine gute Benetzung zu beobachten, während bei den dargestellten Schliffbildern von Asche./.Mullit (Abbildung 2-6 sowie Abbildung 4-13) und Asche./.$CsZr_2(PO_4)_3$ (Abbildung 4-15) die Benetzungswinkel größer werden und damit eine verminderte Benetzung anzeigen. Am deutlichsten wird der Unterschied beim $NaZr_2(PO_4)_3$. Während die Ascheschmelze auf Cordierit nahezu spreitet (vgl. Abbildung 4-7 und Abbildung 4-9), zerfließt sie auf $NaZr_2(PO_4)_3$ kaum und dringt allenfalls unwesentlich in das poröse Substrat ein (Abbildung 4-14). Dies kann auch auf eine verminderte Kapillarkraftunterstützung hinsichtlich des Schmelztransports zurückgeführt werdn, da die resultierenden Kapillarkräfte mit zunehmenden Benetzungswinkeln abfallen, siehe Gleichung 2-5. Somit wird die Kontaktfläche aus Asche und Substrat minimiert, was zu einer kleinen Reaktionszone führt. Vorteilhaft ist auch, dass durch das geringe Vordringen von Schmelze in die Poren des $NaZr_2(PO_4)_3$ kein verzahntes Kompositmaterial entsteht, wodurch die Neigung zur Rissbildung aufgrund der geringen Haftung minimiert wird. Sowohl bei Cordierit, als auch bei Mullit und bei TiO_2 kommt es in Verbindung mit der anhaftenden Asche zur Rissbildung im Substrat, wobei die Risse teilweise tief ins Substratinnere verlaufen (vgl. Kap. 4.1.3). Dies spricht für eine starke Haftung der Materialien untereinander. Bei geringerer Haftung wäre zu erwarten, dass sich entstehende Risse entlang der Grenzfläche ausbreiten und nicht über die Phasengrenzen hinweg verlaufen. Besonders drastisch zeigt sich dies bei Cordierit und Mullit, siehe Abbildung 4-10 und Abbildung 4-13. Die Spannungen, die aufgrund des Abkühlvorgangs auftreten, sind speziell am freien Rand des Materialverbundes aus Substrat und Asche sehr hoch, weshalb sie in der linear-elastischen Bruchmechanik als Spannungssingularitäten beschrieben werden. Diese rein analytisch nicht berechenbaren Spannungsfelder sind in Arbeiten von Munz et al. [237] und Weiß [238] beschrieben, wobei auf FEM-Rechnungen zurückgegriffen wird, um die notwendigen geometrischen Rahmendbedingungen zu berücksichtigen.

5.1.2 Bewertung von Natriumzirkonphosphat und Lanthantitanphosphat als Schutzschichtmaterial

Wie in Kapitel 2.4.1 beschrieben wurde, sprechen einige Autoren den Materialien der NZP-Klasse eine beträchtliche chemische Resistenz zu, die sie mit der hohen Stabilität der Grundstruktur, insbesondere den stabilen PO_4-Tetraedern und der Verknüpfung der Grundbausteine untereinander, begründen. Zusätzlich bieten die teilbesetzten M-Plätze diverse Möglichkeiten, einzelne Elemente aufzunehmen und in der Struktur zu binden. Die dadurch begründete generelle Beständigkeit kann gegenüber Aschezusammensetzungen, wie sie in dieselmotorischen Verbrennungsabgasen vorkommen, nicht grundsätzlich bestätigt werden. Die verschiedenen Materialien zeigen trotz ihres ähnlichen Aufbaus ein gänzlich unterschiedliches Verhalten bei den Auslagerungsversuchen mit Asche, wobei die hier untersuchten NZPs auf Basis von Alkalimetallen die vergleichsweise höchste Resistenz zeigen. Bei den NZPs, wo Zr gegen Ti substituiert wurde, besitzt lediglich das $LaTi_6(PO_4)_9$ eine hervorragende Ascheresistenz, die fast an die Widerstandsfähigkeit des $NaZr_2(PO_4)_3$ heranreicht, siehe Abbildung 4-16. Diese beiden Materialien besitzen damit die in Bezug auf ihre Porosität größte Ascheresistenz und zeichnen sich dementsprechend durch die geringste erkennbare Schädigung aus. Wird anstelle der Auslagerung mit korrosiver Asche eine Auslagerung mit Cordierit durchgeführt, kommt es zur starken Schädigung des Verbundes aus $LaTi_6(PO_4)_9$ und Cordierit (Abbildung 4-17). Bereits bei 1200 °C reagieren die Materialien miteinander, was durch die Veränderung in der Probengeometrie, siehe Abbildung 4-17, offensichtlich wird. Eine durchgeführte XRD-Analyse des geschädigten $LaTi_6(PO_4)_9$, bestätigt den Zerfall des LaTPs bei gleichzeitiger Bildung von Lanthanoxid sowie Lanthanphosphat und entsprechend Titandioxid sowie Titanphosphat. Vermutlich sind die teilweise oxidischen Zersetzungsreaktionen von einem lokalen Temperaturanstieg begleitet, wodurch die Schädigungen durch eine Schmelzbildung unterstützt und somit nochmals verstärkt werden. Beim $NaZr_2(PO_4)_3$ hingegen werden durch die

Temperaturbelastung bei 1200 °C in Anwesenheit von Cordierit keine derartigen Reaktionen sichtbar (Abbildung 4-18). Es gibt lediglich minimale Veränderungen im Kontaktbereich der Materialien, wobei keine offensichtlichen Schädigungen hervortreten. Insofern bleiben beide Materialien strukturell unangetastet, was sich auch in einer XRD-Analyse des $NaZr_2(PO_4)_3$ bestätigte. Im Röntgenspektrum wurden keine Hinweise auf eine Zersetzung oder auf eine mögliche Bildung neuer Phasen gefunden. Auch eine Auslagerung bei 1200 °C für 24 h bestätigt die Stabilität des $NaZr_2(PO_4)_3$, da keine Hinweise auf erkennbare Schädigungen, wie Zersetzungsreaktionen oder Phasenneubildungen gefunden wurden. Dementsprechend sind die Peaklagen im Beugungsmuster aus der XRD-Phasenanalyse, siehe Abbildung 4-19, praktisch identisch. Zusammenfassend sprechen somit die minimalen ascheverursachten Schädigungen, die Verträglichkeit zu Cordierit und die ausreichende thermische Stabilität für das $NaZr_2(PO_4)_3$ als potentieller Schutzschichtwerkstoff. Hinzu kommt ein niedriger technischer thermischer Ausdehnungskoeffizient, der mit Literaturwerten gut übereinstimmt [181]. Im Vergleich zu Cordierit ist der WAK somit etwas kleiner, was wiederum für eine Eignung als Beschichtung spricht, da das Substrat bei Temperaturerhöhung aufgrund der geringeren Dehnung der Beschichtung unter Druckspannungen gesetzt wird, was tendenziell festigkeitssteigernd auf das Substrat wirkt.

5.2 Innenporenbeschichtung von porösem Cordierit

Mit dem als ascheresistent und verträglich zu Cordierit identifizierten $NaZr_2(PO_4)_3$ wurde damit begonnen, ein Verfahren zur Innenporenbeschichtung von Cordierit zu erarbeiten. Die Ergebnisse aus den Beschichtungsversuchen mittels stabilisierter Partikelsuspensionen und mittels modifizierten Sol-Gel-Verfahren, sowie die Erkenntnisse zur Schutzschichtwirksamkeit werden nachfolgend diskutiert.

5.2.1 Tauchbeschichtung mittels stabilisierter Partikelsuspensionen

Wie in Kapitel 4.3.1 dargestellt, führt das Tauchen in eine Partikelsuspension nicht nur zur gewünschten Bedeckung der Porenkanäle, sondern auch zur Ausbildung einer Deckschicht. Hierfür werden Ursachen aufgedeckt und eine Möglichkeit aufgezeigt, solche Schichten im Sinne eines Schutzes von cordieritbasierten Wabenkörpern zu nutzen.

Ein kosteneffizientes Verfahren zur Schichtaufbringung stellt das Tauchbeschichten dar, welches für eine Innenporenbeschichtung entsprechend adaptiert bzw. modifiziert werden sollte. Bei Partikelsuspensionen ist eine hinreichende Suspensionsstabilität unabdingbar, da ansonsten flockulierte oder aggregierte Systeme entstehen, die eine erhöhte Viskosität aufzeigen und schnell sedimentieren, weshalb die Gefahr besteht, dass sie ggf. noch nicht einmal für die Dauer des Beschichtungsvorgangs suspendierte Partikel bereithalten. Anhand des Zeta-Potentials lässt sich üblicherweise der Bereich identifizieren, indem eine elektrostatische Stabilisierung durch eine gezielte Einstellung des pH-Wertes möglich ist. Für das hier untersuchte $NaZr_2(PO_4)_3$ ist das Zeta-Potential über das Intervall von pH 2 bis pH 12 hinaus negativ, wobei es im basischen Bereich tendenziell höhere Werte einnimmt. Zwar sind die Potentiale, die im Bereich von ca. -10 mV bis -30 mV liegen, nicht gerade hoch, dennoch zeigen Sedimentationsuntersuchungen über den gesamten pH Bereich eine zumindest über 48 h andauernde Suspensionsstabilität. Eine elektrostatische Stabilisierung der wässrigen Suspensionen ist somit in einem weiten pH-Bereich möglich, weshalb Tauchbeschichtungsversuche mit unterschiedlich stabilisierten Suspensionen durchgeführt werden konnten. Da die Partikel in die Poren des Substrates vordringen sollen, müssen die Suspensionen niedrigviskos sein, weshalb sich nur stabilisierte Suspensionen mit geringem Feststoffgehalt eignen. Um die Porosität des Cordierits komplett mit Suspension zu füllen, wurde die Tauchbeschichtung vakuumunterstützt durchgeführt. Dies erwies sich als notwendig, da ansonsten größere Porenbereiche nicht gefüllt werden konnten, wodurch partiell keine Schicht ausgebildet wurde. Erst durch das Evakuieren konnte die Luft aus den Poren entweichen und die Suspension eindringen. Nach der Temperaturbehandlung zur Anbindung der Partikel ans Substrat zeigte sich, dass ungeachtet der Suspensionsstabilisierung, eine substratbedeckende, wash-coat ähnliche Schicht ausgebildet wurde. Vermutlich kommt hier die Filterwirkung des Cordierits zum Tragen, wodurch es unvermeidlich ist, dass sich an der Substratoberfläche ein Filterkuchen ausbildet, der schließlich zu einer äußerlichen Deckschicht führt, was in Abbildung 5-2 schematisch skizziert ist. Unter diesem Aspekt stellt die Innenporenbeschichtung eine Art Tiefenfiltration dar, die schließlich in einer Oberflächenfiltration endet, was durch die Ausbildung der Deckschicht gekennzeichnet ist.

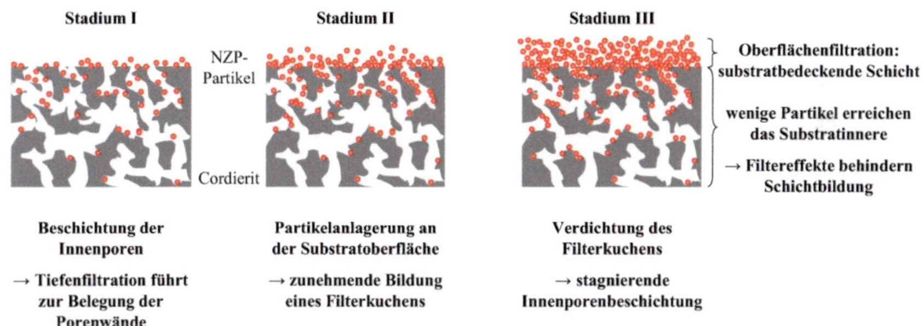

Abbildung 5-2: Schematische Darstellung der suspensionsbasierten Partikelbeschichtung von Innenporen. Aufgrund der Analogie zum Filtrationsprozess kommt es zur Bildung eines Filterkuchens. Die damit verbundene Oberflächenfiltration behindert zunehmend das Vordringen weiterer Partikel ins Innere des porösen Substrates.

Lediglich die Erscheinung und Struktur der bedeckenden Schicht konnte dahingehend verbessert werden, dass durch eine Steigerung der Temperatur von 1200 °C auf 1300 °C die ursprünglich vorhandene Rissanfälligkeit überwunden wurde, was auf eine bessere Versinterung der Partikel untereinander zurückgeführt werden könnte.

Eventuell wäre es im Sinne der Entwicklung einer Schutzmaßnahme für Dieselpartikelfilter aus Cordierit im Fall der stabilisierten Partikelsuspensionen zielgerichteter, größere Partikel einzusetzen um die Wabenkanäle mit einem „reinen" wash-coat zu belegen, der als Getter wirken könnte. Aufgrund der Erkenntnisse aus dem Schädigungsverhalten des $NaZr_2(PO_4)_3$ bei Aschekontakt und der guten Verträglichkeit mit Cordierit, erscheint ein Einsatz als Getter viel versprechend. Weitere Argumente für den Einsatz als Getter liegen in der geringen Mobilität, die die Ascheschmelze auf $NaZr_2(PO_4)_3$ entwickelt und in der Möglichkeit, das $NaZr_2(PO_4)_3$ als poröse Schicht aufzubringen, wodurch die Filtrationseffizienz eines Dieselpartikelfilters von Beginn der Filterbelegung an erhöht werden könnte.

5.2.2 Sol-Gel-Verfahren zur Innenporenbeschichtung

Der Sol-Gel Prozess eignet sich, wie in Kapitel 2.5.2 erläutert, zur Herstellung verschiedenster anorganischer, nichtmetallischer Werkstoffe. Durch eine entsprechende Verfahrensgestaltung lassen sich Pulver, Fasern, Schichten und dichte Formkörper erzeugen. Ausgangspunkt sind dabei durch Kondensation, Polymerisation und Aggregation erzeugte Partikel im Nanometerbereich, weshalb der gesamte Prozess dem Teilgebiet der chemischen Nanotechnologie zugeordnet werden kann.

In dieser Arbeit wurden zwei verschiedene Beschichtungsarten untersucht, die sich in der Reihenfolge der eingebrachten Sole unterscheiden. Dadurch werden die erhaltenen Schichten maßgeblich beeinflusst, was sich in einer geänderten Schutzschichtwirksamkeit zeigt. Im ersten Fall wurde die Schichtaufbringung in den Sol-Gel-Herstellungsprozess von Pulvern integriert. Dabei findet eine Formierung der NZP-Partikel innerhalb des porösen Cordierites statt. Dementsprechend wurde bei der Beschichtungsvariante NZP-Sy das Substrat mit der Lösung aus Kationen infiltriert und anschließend die Gelbildung durch Zugabe der Anionen eingeleitet. Demzufolge wandelt das Sol in ein Gel um, wobei dieser Prozess überall, also innerhalb des porösen Cordierites stattfindet. Beim Herausnehmen des Cordierits verbleibt Gel in den Poren, wo es durch die fortschreitende Trocknung in ein Xerogel umwandelt. Dadurch schrumpft das Gel-Netzwerk aufgrund von Kapillarkräften stark und wird an die Porenwand des Cordierits herangezogen, wo der verbleibende Flüssigkeitsüberschuss zuletzt abtrocknet. Bei der anschließenden Wärmebehandlung werden die flüchtigen Bestandteile entfernt und das kristalline NZP gebildet, welches sich an den Wänden innerhalb der Cordierit-Poren befindet. Wird die Wärmebehandlung bei hinreichend hoher Temperatur und Dauer durchgeführt, kommt es zum versintern der NZP-Struktur und zur Anbindung der Partikel ans Substrat. Die erhaltenen Schichten sind vergleichsweise dick, siehe Abbildung 4-25, und hängen von der Menge an NZP ab, welches innerhalb der Cordieritporen gebildet werden kann.

Dreht man die Verfahrensschritte um und infiltriert das Cordieritsubstrat zuerst mit der Anionenlösung, laufen andere Prozesse ab, was in dünneren Schichten (vgl. Seite 100/102 mit Seite 105) mit verbesserter Schutzschichtwirksamkeit (Abbildung 4-33) resultiert.

Bevor erläutert wird, weshalb die Reihenfolge der Eduktzugabe beim Beschichtungsvorgang eine derart große Rolle spielt, wird zunächst auf die Pulversynthese und die ablaufenden Reaktionen, die nach folgender Reaktionsgleichung ablaufen, eingegangen:

$$NaOH + 2\,ZrO_2 + 3\,H_3PO_4 \quad \rightarrow \quad NaZr_2(PO_4)_3 + 5\,H_2O$$

Dabei wird das ZrO_2 über $ZrOCl_2$ eingebracht, da ZrO_2 wasserunlöslich und somit für die Reaktion auf molekularer Ebene ungeeignet ist. $ZrOCl_2$ hydrolisiert sich entsprechend nachfolgender Gleichungen in Wasser, wodurch der Precursor crhaltcn wird:

$$ZrOCl_2 + 9\,H_2O \rightarrow [Zr(H_2O)_8]^{4+} + 2\,Cl^- + 2\,OH^-$$

$$[Zr(H_2O)_8]^{4+} + H_2O \rightarrow [Zr(OH)(H_2O)_7]^{3+} + H_3O^+$$

$$[Zr(OH)(H_2O)_7]^{3+} + H_2O \rightarrow [Zr(OH)_2(H_2O)_6]^{2+} + H_3O^+$$

$$[Zr(OH)_2(H_2O)_6]^{2+} + H_2O \rightarrow \underbrace{[ZrO(OH)(H_2O)_6]^+}_{Precursor} + H_3O^+$$

Die Zugabe des Hydroxidions über NaOH führt schließlich zur Formierung des ZrO_2:

$$[ZrO(OH)(H_2O)_6]^+ + OH^- \rightarrow ZrO(OH)_2(H_2O)_5 + H_2O$$

und mündet nach Michael et al. in der Kondensationsreaktion [239]

$$ZrO(OH)_2 \quad \rightarrow \quad ZrO_2 \cdot x\,H_2O + (1\text{-}x)\,H_2O$$

wobei ein 3-dimensionales Netzwerk ausgebildet wird, was sich wie folgt schreiben lässt:

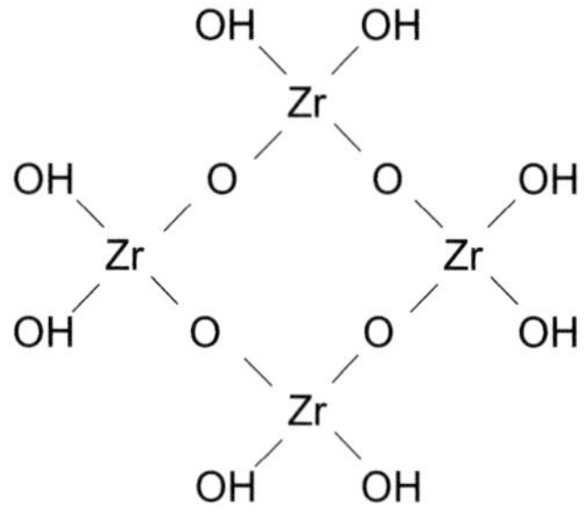

$$
\begin{array}{c}
\text{OH} \quad \text{OH} \\
\text{Zr} \\
\text{OH} \quad \text{O} \quad \text{O} \quad \text{OH} \\
\text{Zr} \quad \quad \text{Zr} \\
\text{OH} \quad \text{O} \quad \text{O} \quad \text{OH} \\
\text{Zr} \\
\text{OH} \quad \text{OH}
\end{array}
$$

Abbildung 5-3: Mögliche Polymerstruktur eines hydratisierten Zirkonoxids nach López [240].

Im stark basischen Milieu kann dieses Netzwerk als Alkoxid aufgefasst werden und somit Na^+ anlagern:

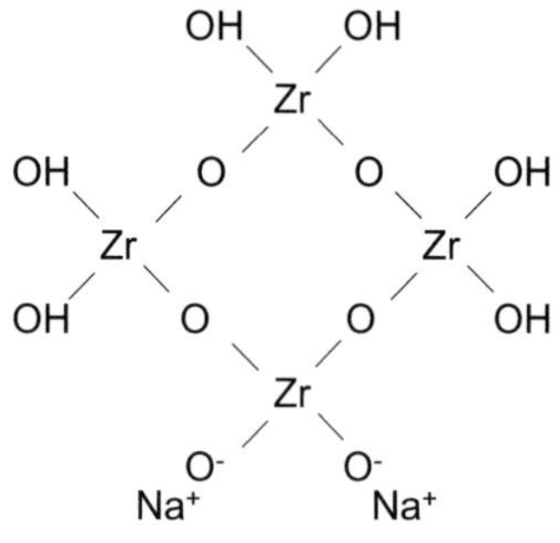

$$
\begin{array}{c}
\text{OH} \quad \text{OH} \\
\text{Zr} \\
\text{OH} \quad \text{O} \quad \text{O} \quad \text{OH} \\
\text{Zr} \quad \quad \text{Zr} \\
\text{OH} \quad \text{O} \quad \text{O} \quad \text{OH} \\
\text{Zr} \\
\text{O}^- \quad \text{O}^- \\
Na^+ \quad Na^+
\end{array}
$$

Abbildung 5-4: schematische Darstellung der ionisierten Struktur im stark basischen Milieu.

Durch die Zugabe von PO_4^{3-} bildet sich das NZP in einer hydratisierten Form. Die mittels XRD-Analyse gewonnen Erkenntnisse zeigen, dass das hydratisierte, amorphe NZP spätestens nach einer Kalzinierung bei 900 °C in kristallines, phasenreines $NaZr_2(PO_4)_3$ überführt werden kann. Ob nun die Anionen zum Na-Zr-Komplex zugegeben werden, oder umgekehrt, ist für die Bildung von $NaZr_2(PO_4)_3$ von untergeordneter Rolle. Wird allerdings anstatt einer reinen Synthese eine Beschichtung durchgeführt, nehmen neben dem Syntheseerfolg die Schichtformierung und -haftung eine zentrale Stellung ein. Behält man die oben angegebene Reihenfolge bei und gibt die Anionenlösung zum mit Kationen infiltrierten Cordierit hinzu, kommt es zur Formierung des NZP-Gels innerhalb des porösen Cordierits (NZP-Sy). Die Poren sind komplett gefüllt und die Trocknung und Kalzinierung führen zur Ausbildung und Versinterung der Partikel bei gleichzeitiger Anhaftung ans Substrat. Wird jedoch die Reihenfolge der Eduktzusammenführung getauscht, kann die Bindung ans Substrat wesentlich erhöht werden. Phosphor besitzt eine hohe Affinität zu einigen Metallen wie beispielsweise Mg und Al, die auch ein Bestandteil von Cordierit sind. Beginnt man den Beschichtungsprozess mit der Infiltration des Cordierits mit Phosphorsäure, kann es zur Reaktion mit oberflächennahen Bestandteilen des Cordierits kommen. Dadurch werden Phosphat-Anionen an der Oberfläche gebunden, die den Kontakt zum später formierten NZP herstellen. Diese extrem dünne „Brückenschicht" kann einerseits mit dem Substrat eine chemische Bindung eingehen und andererseits als erster Baustein eines NZP-Gliedes angesehen werden.

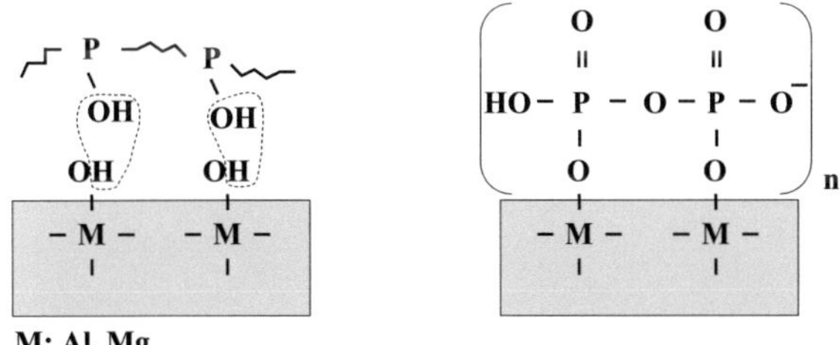

Abbildung 5-5: Ausbildung einer „Brückenschicht" zur Anbindung des NZP an das Cordierit-Substrat.

Nach der Ausbildung dieser ersten Schicht, die als Vermittler zwischen Substrat und NZP dient, können - bedingt durch die Zugabe der Kationen - die positiv geladenen Na-Zr-Hydroxy-Komplexe andocken. Eine anschließende thermische Behandlung dient wiederum der Konsolidierung der kristallinen NZP-Struktur und dem Entfernen flüchtiger Bestandteile.

Wird die Reihenfolge der Sol-Einbringung der Beschichtungsvariante NZP 1:1 bzw. NZP 1:4 nicht eingehalten, bildet sich diese Brückenschicht nicht aus, da die Anionen statt mit Cordierit bevorzugt mit den wässrig gelösten Kationen reagieren. Insofern wird bei der Variante NZP-Sy eine Beschichtung in-situ der NZP-Partikelkonsolidierung durchgeführt, wobei im Fall des NZP 1:1 und NZP 1:4 die Beschichtung durch eine zuvor modifizierte Substratoberfläche unterstützt wird. Übereinstimmend dazu zeigen die REM-Aufnahmen der Schichten, die durch eine Integration des Beschichtungsprozesses in das Syntheseverfahren hergestellt wurden (NZP-Sy), vergleichsweise dicke Schichten, deren partikulärer Charakter teilweise ersichtlich ist, siehe Abbildung 4-25 und besonders Abbildung 4-26. Die erkennbare Struktur, die vermutlich an einer bei der Kalzinierung und Anbindung zu niedrig gewählten Temperatur liegt, ist in Abbildung 5-6 vergrößert dargestellt.

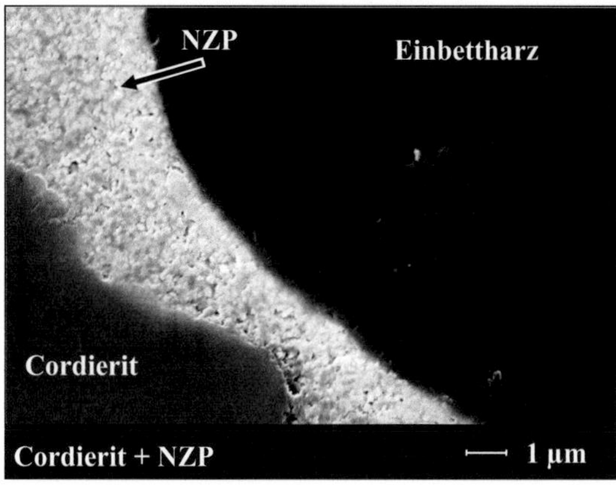

Abbildung 5-6: Beschichtung von Cordierit mit NZP durch Integration des Beschichtungsprozesses in die Materialsynthese.

So wurde beispielsweise für ein Lanthanphosphat, welches auf vergleichbare Art hergestellt wurde, mittels Dilatometrie festgestellt, dass erst im Temperaturintervall von 1400 °C bis 1500 °C eine merkliche Verdichtung stattfindet, weshalb die Sintertemperatur in diesem Bereich liegen sollte [241]. Hingegen erscheint die mit NZP-Sy gebildete Schicht bereits versintert, wobei zwischen Substrat und Schicht ein Riss erkennbar ist (Abbildung 4-25), der zwar vermutlich präparationsbedingt eingebracht wurde, aber dennoch für eine nicht allzu hohe Haftung zwischen den Materialien spricht. Erfolgt die Einbringung der Sole in umgekehrter Reihenfolge (NZP 1:1 und NZP 1:4), sind die ausgebildeten Schichten wesentlich dünner. Unter der Annahme, dass die durch die Beschichtung erfolgte Massenzunahme auf die Ausbildung einer homogenen Schicht zurückzuführen ist, kann ihre Dicke bei Kenntnis der beschichteten Fläche abgeschätzt werden. Für die an den Plättchen gemessenen Massenzunahmen von ca. 2 % führt dies zu einer Schicht im Bereich von 30 bis 40 nm. Dies ist konform zu den in Abbildung 4-27 und Abbildung 4-28 dargestellten Aufnahmen von beschichtetem Cordierit, wo sich die dünne Ausdehnung der Schicht erahnen lässt. Sie erscheint homogen über die Fläche ausgebildet und bedeckt die einzelnen Cordieritkörner. Auch die im unbeschichteten Zustand vereinzelt erkennbaren Risse, sowie die scharfen Ecken und Kanten des Cordierits sind von einem dünnen Film überzogen. Dies betrifft sowohl die Varianten NZP 1:1 als auch NZP 1:4, unabhängig, ob die Beschichtung auf plättchenförmigen Substraten oder auf Wabenkörpern (Abbildung 4-37) aufgebracht wurde. Da die Schicht sehr dünn ist, ist die Elementverteilung mittels EDS nicht zugänglich. Im Gegensatz zu den zuvor beschriebenen Schichten, bei denen die Elementzusammensetzung qualitativ mittels EDS verfolgt und die erwarteten Elemente bestätigt werden konnten, ist zur Untersuchung der NZP 1:1 und NZP 1:4 Schichten ein sensitiveres Verfahren notwendig, welches die Charakterisierung dünner Filme erlaubt. Daher wurden an diesen Varianten XPS-Messungen durchgeführt, wobei der analysierte Bereich der einzelnen Proben einen Durchmesser von ca. 3 mm hat. Dadurch ist gewährleistet, dass keine isolierten Detailinformationen gewonnen, sondern Aussagen über die oberflächennahe Elementzusammensetzung einer repräsentativen Fläche getroffen werden. Exemplarisch für eine NZP 1:4 Variante ist das erhaltene Spektrum im Vergleich zum unbeschichteten Substrat in Abbildung 4-29 dargestellt. Im Spektrum ist der Unterschied zwischen unbeschichtetem und beschichtetem Substrat deutlich erkennbar. Relevant sind die Zirkonium Peaks, die sich in den gesplitteten 3d und 3p Orbitalen zeigen. Außerdem ist die KLL-Linie von Natrium ausgeprägt vorhanden, sowie der Phosphor $2s_{1/2}$ – Peak. Da Phosphor mittels XPS-Analyse nur schwer detektierbar ist, ist nur ein zu Phosphor korrespondierender Einzelpeak vorhanden. Beim Sauerstoff sieht man im Falle des unbeschichteten Substrates die oxidische Bindung, die in der beschichteten Variante in ihrer Form wechselt. Daher ist die Intensität höher und die ursprünglichen Einzelpeaks überlappen zu einem Gesamtpeak. Die Ergebnisse bestätigen, dass die gewünschten Elemente Na, Zr und P im Vergleich zu unbeschichtetem Cordierit zweifelsfrei auf der Oberfläche vorhanden sind.

5.3 Quantifizierung der Schutzschichtwirksamkeit

Anhand mechanischer Tests sollen die durch die Beschichtung hervorgerufenen Auswirkungen auf die Bruchfestigkeit ermittelt werden. Bereits nach erfolgter Aufbringung der Schutzschicht auf das Substrat zeigen sich veränderte Bruchfestigkeiten. Gegenüber unbeschichtetem Cordierit im Lieferzustand sind die gemessenen Festigkeiten der mit Variante NZP 1:1 und NZP 1:4 beschichteten Plättchen signifikant geringer (Abbildung 4-31). Eventuell verbleiben beim Sol-Gel basierten Beschichtungsprozess geringe Phosphorreste an der Substratoberfläche, wobei Phosphate entsprechend den Untersuchungen von Maier et al. nach einer Temperaturbehandlung oberhalb 1050 °C zur Schädigung von Cordierit führen [135,242]. Allerdings wäre dann zu erwarten, dass bei der Variante NZP 1:1, die durch die größte Phosphorkonzentration im Beschichtungsprozess gekennzeichnet ist, die Festigkeiten am kleinsten ausfallen. Neben den Beschichtungsvarianten NZP 1:1 und NZP 1:4 wurde auch bei der Variante NZP-Sy ein Rückgang der Festigkeit ermittelt. Insofern scheint die Beschichtung einen negativen Effekt auf die Bruchfestigkeit von Cordierit zu besitzen. Allerdings kann durch eine zyklische thermische Auslagerung dieser negative Einfluss revidiert werden, siehe Abbildung 4-32. Nach zehnmaliger Zyklierung unterscheiden sich die Festigkeiten der einzelnen Chargen kaum von entsprechend thermozykliertem Cordierit ohne Beschichtung und liegen auf einem zu Cordierit im Anlieferungszustand vergleichbaren Niveau. Ein eventuell schädlicher

Einfluss der Schicht auf das Substrat kann hier nicht bestätigt werden. Zur Verdeutlichung der Ergebnisse sind in Abbildung 5-7 die gemessenen Festigkeiten in Bezug auf die Bruchfestigkeit von Cordierit im Anlieferungszustand dargestellt. Ein deutlicher Unterschied zeigt sich in den Vertrauensintervallen, da die Ergebnisse aus den Einzelmessungen nach erfolgter Zyklierung stärker streuen.

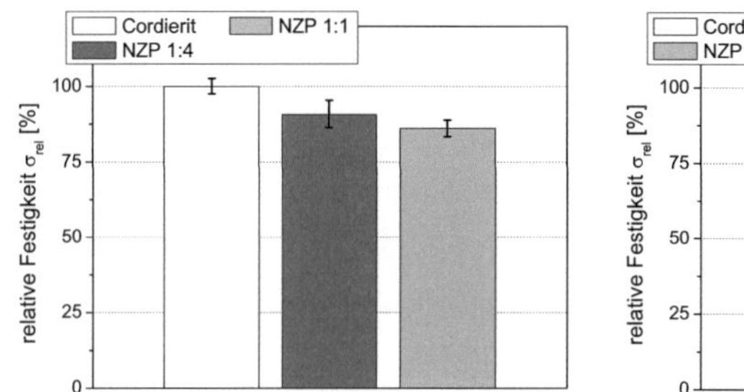
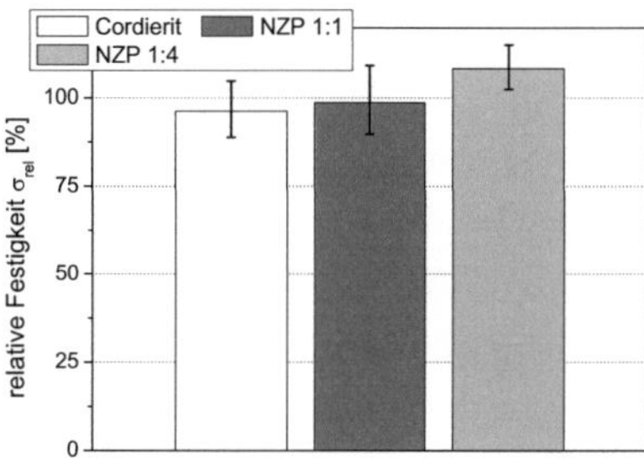

Abbildung 5-7: Im K3K-Test ermittelte Festigkeiten bezogen auf die Bruchfestigkeit von Cordierit im Anlieferungszustand. Links: relative Bruchfestigkeiten im Ausgangszustand, rechts: relative Bruchfestigkeiten nach zyklischer thermischer Auslagerung (10 x 1200 °C).

Gegenüber den nicht-zyklierten Proben sind die Festigkeiten der beschichteten Proben im Bereich der ursprünglichen Festigkeiten von Cordierit (Anlieferungszustand) bzw. sogar minimal erhöht, was aber nicht signifikant ist. Eventuell kann diese Erholung auf ein durch das thermische Auslagern bedingtes zunehmendes Ausheilen von Rissen zurückgeführt werden. Die Variante NZP 1:4 besitzt nach der zyklischen Auslagerung die höchste Festigkeit und zeigt im Vergleich die geringste Streuung der Einzelmessungen. Bei den 3x3 Zellern sind bereits die Bruchkräfte der beschichteten Proben vergleichbar zu Cordierit im Anlieferungszustand, siehe Abbildung 4-36. Hier zeigt die Beschichtung weder einen festigkeitssteigernden, noch einen -mindernden Einfluss. Auch die Vertrauensbereiche werden durch die Beschichtung praktisch nicht verändert, was für die gute Übertragbarkeit der Beschichtungsroute der NZP 1:1 und NZP 1:4 Varianten auf Proben mit komplexer Wabenkörpergeometrie spricht.

Um die worst-case Regeneration eines Dieselpartikelfilters zu simulieren, wurden zyklische thermische Auslagerungen bei 1200 °C unter Aschekontakt durchgeführt. Die dabei realisierte Heiz- bzw. Abkühlrate ist laut Literaturangaben in einem für unkontrolliert ablaufende Regenerationen realistischen Bereich, vergleiche Kapitel 2.2.2, was eine enorme Belastung für das Material darstellt. Bei unbeschichtetem Cordierit fällt der Festigkeitsabfall am drastischsten aus. Gegenüber seiner ursprünglichen Bruchfestigkeit verlieren beaschte Cordierittabletten etwa 70 % ihrer ursprünglichen Festigkeit (Abbildung 4-33), was auf starke Reaktionen zwischen Aschebestandteilen und Cordierit zurückzuführen ist. Diese Reaktionen sind nicht nur chemischer Natur, sondern auch rein physikalisch bedingt, wenn Poren mit Ascheschmelze gefüllt werden und beim thermischen Zyklieren aufgrund unterschiedlicher thermischer Ausdehnungen zum Versagen des Materials führen. Dieser Sachverhalt ist schematisch in nachfolgender Abbildung dargestellt.

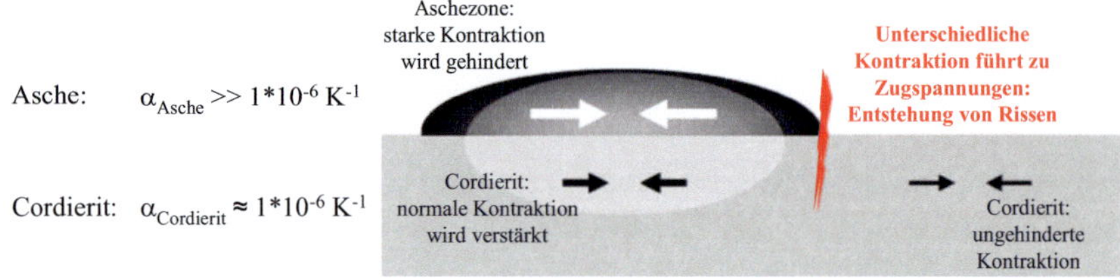

Abbildung 5-8: Schematische Darstellung der Rissentstehung aufgrund unterschiedlicher thermischer Dehnungen (Abkühlung). Im Bereich des freien Randes der Grenzfläche des Verbundes aus Asche und Cordierit treten die höchsten Spannungen auf.

Entsprechend Kapitel 2.3.1 ist bekannt, dass sowohl die Asche an sich, als auch die aus Aschebestandteilen mit Cordierit gebildeten Fremdphasen einen im Vergleich zum Filter erhöhten thermischen Ausdehnungskoeffizienten besitzen. Unterstellt man, dass die Ascheschmelze bei sinkender Temperatur ab der Schmelzerstarrung Spannungen hervorrufen kann, ergeben sich bei einer Abkühlung um ca. 1000 °C (Differenz aus Schmelztemperatur der Asche zur Umgebungstemperatur) Spannungen, die unter starken Vereinfachungen abgeschätzt werden können. Allgemein lässt sich die durch eine thermische Ausdehnung resultierende

Spannung nach der Gleichung $\sigma = E * \Delta\alpha * \Delta T$ berechnen. Nimmt man für die Asche bzw. die gebildeten Komponenten Ausdehnungskoeffizienten von ca. $3,5 * 10^{-6}\,K^{-1}$ bis $8 * 10^{-6}\,K^{-1}$ an, was im Bereich verschiedener Silikat- und Phoshatgläser [243,244] sowie beispielsweise gebildeter Spinelle [245] liegt, werden bei unterstellter gleicher Elastizitätsmodule der Asche und des Basismaterials Cordierit (22 GPa, nach [135]) Spannungen von 50 bis 170 MPa erreicht, was deutlich oberhalb der Festigkeit von Cordierit liegt.

Eine durch inkompatible Wärmedehnungen hervorgerufene Schädigung kann durch eine Beschichtung nicht verhindert, aber hinsichtlich des Ausmaßes reduziert werden. Denn durch die NZP-Schicht wird die Mobilität der Ascheschmelze herabgesetzt, wodurch die Anzahl gefüllter Poren bzw. die Tiefe der mit Ascheschmelze infiltrierten Bereiche verringert wird. In Abbildung 4-35 sind Schliffe von Cordierit-Proben nach zyklischer thermischer Belastung unter Aschebeladung dargestellt. Man erkennt deutlich, dass im Fall des beschichteten Cordieritsubstrates die durch die Asche hervorgerufene Porositätsminderung bis in die Substratmitte reicht, während bei der beschichteten Cordierittablette im Probeninneren die ursprünglich hohe Porosität nahezu erhalten ist. Auch die Ergebnisse aus den Dichtemessungen zeigen eine höhere Porosität der beschichteten Proben und einen deutlich höheren Rückgang der offenen Porosität beim ungeschützten Material (Tabelle 4-3). Dies kann auch als Folge der geringeren Kapillarkräfte aufgrund der schlechten Benetzung von Ascheschmelze auf $NaZr_2(PO_4)_3$, siehe Abbildung 4-14, (für Benetzungswinkel $\theta \rightarrow 90°$ folgt $F_{Kap} \rightarrow 0$, siehe Gleichung 2-5) angesehen werden.

Bei den 3x3 Zellern nimmt die Festigkeit mit einem Rückgang von etwa 41 % ebenfalls stark ab, im Vergleich mit der Plättchengeometrie aber geringer. Dieses Ergebnis ist so nicht zu erwarten, da beide Probenformen mit vergleichbarer Aschemenge beaufschlagt wurden und die zyklische Auslagerung mit identischen Parametern durchgeführt wurde. Eventuell kann der Unterschied aus der Verteilung der Asche herrühren. Die Plättchen ließen sich beidseitig homogen und gleichmäßig mit Asche versetzen. Bei den 3x3 Zellern hingegen ist es denkbar, dass zwar jede Probe mit der nominell gleichen Aschemenge beaufschlagt war, aber die Verteilung in den Kanälen nicht so homogen ausgestaltet war, wie bei den Plättchen. Daher liegt die Vermutung nahe, dass die Asche nicht in der gewünschten Gleichmäßigkeit die Kanäle der 3x3 Zeller überzog, wodurch die Randbereiche stärker und die Mitte der 3x3 Zeller weniger mit Asche kontaminiert sind. Dadurch ist der beim 4-Pkt.-Biegeversuch getestete Bereich (Bereich des maximalen Biegemoments, also Probenvolumen zwischen den beiden inneren Auflagerrollen) weniger geschädigt und die ertragbare Bruchlast entsprechend höher, was die im Vergleich zu den Plättchen geringere Festigkeitsdegradation erklärt.

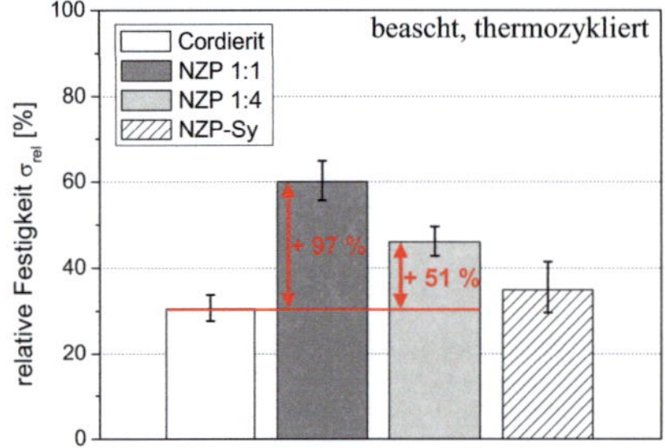

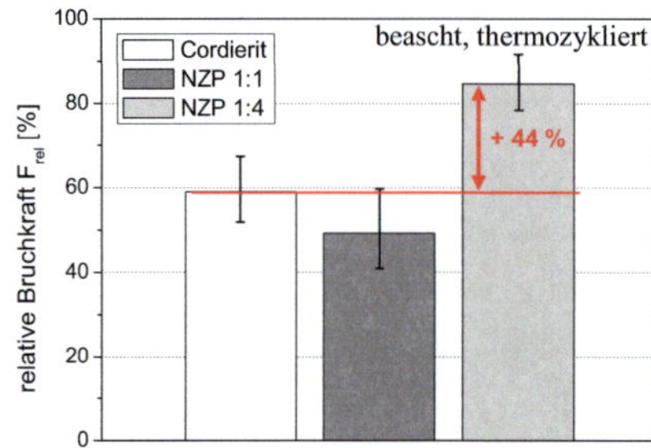

Abbildung 5-9: Vergleich der durch Asche hervorgerufenen Festigkeitsdegradation unterschiedlich beschichteter Cordierit-Plättchen und Cordierit-Wabenkörper nach erfolgter zyklischer Auslagerung (10 x 1200 °C). Links: Ergebnisse aus Versuchen an Plättchen, rechts: 3x3 Zeller. Die angegeben Festigkeiten beziehen sich auf die gemessenen Werte unbeschichteter Cordieritsubstrate im Anlieferungszustand.

In Abbildung 5-9 sind die nach zyklischer thermischer Auslagerung ermittelten Bruchfestigkeiten bzw. Bruchlasten in Relation zu den jeweiligen Messwerten unbeschichteter Cordierite im Herstellungszustand dargestellt, siehe Kapitel 4.4. Bei den plättchenförmigen Substraten zeigt die Variante NZP 1:1 die besten Resultate, während die gleichen Beschichtungsparameter bei den 3x3 Zellern zu einer Festigkeitsdegradation führt, die höher ausfällt, als bei ungeschütztem Cordierit. Betrachtet man den Beschichtungsvorgang, so muss festgestellt werden, dass bei der vergleichsweise hohen Konzentration der Reagenzien die Gelformierung sehr schnell abläuft. Nimmt man die Wabenkörper aus dem formierten Gel, bleiben die großen Kanäle gefüllt. Das Gel bleibt so stark gebunden, dass die Kanäle regelrecht verstopft erscheinen. Vor diesem Hintergrund relativiert sich die mit ca. 8 % hohe Massenzunahme. Dies kann folglich nicht auf eine dickere Schicht, sondern auf vorhandene NZP-Partikel zurückgeführt werden, die aus dem die Kanäle verschließendem hochviskosen Gel stammen und auch nach der Wärmebehandlung als Pfropfen in den großen Wabenkanälen zurückbleiben. Bei der Variante NZP 1:4 hingegen, führt die Gelbildung aufgrund der stärker verdünnten Anionenlösung zu einem weit geringeren Viskositätsanstieg. Hier kann das Gel beim Herausnehmen der 3x3 Zeller aus dem Beschichtungsbad aus den Waben ausfließen, wodurch deutlich weniger Partikel im Wabenkörper entstehen. Dementsprechend zeigt Abbildung 4-37 nur eine minimale Schichtbildung im Wabenkanal und es entstehen nur wenige Partikel lokalisiert im Abtropfbereich, wie dies in Abbildung 4-38 erkennbar ist. Das Ausfließen des Gels bei unterschiedlicher Anionenkonzentration ist schematisch in Abbildung 5-10 dargestellt.

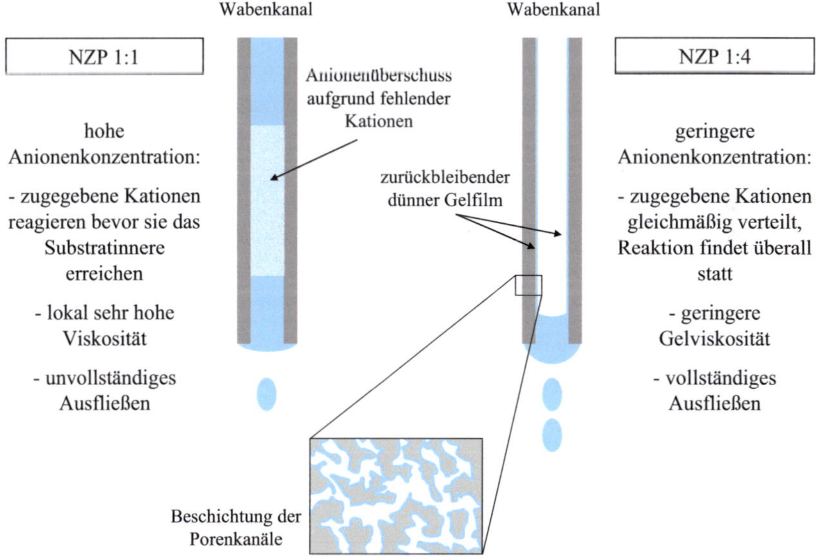

Abbildung 5-10: Schematische Darstellung des Ausfließverhaltens nach erfolgter Gelbildung bei unterschiedlicher Anionenkonzentration.

Neben dem Problem, dass eine hohe Viskosität das Entfernen des Gelüberschusses erschwert, führt eine schnelle und ausgeprägte Gelbildung dazu, dass die ins Sol eingebrachten Kationen nicht ins Innere des Substrats vordringen können und es somit zu einer mangelhaften Schichtbildung im Inneren des Wabenkörpers kommt. Dadurch kann kein ausreichender Schutz gegen den korrosiven Ascheangriff aufgebaut werden, was sich in den geringen Bruchlasten nach Zyklierung unter Aschekontakt zeigt. Zusätzlich kann das partielle Vorhandensein von freien NZP-Partikeln, einer teilweise ausgebildeten Schicht und komplett ungeschützten Bereichen aufgrund der Inhomogenität und der unterschiedlich ablaufenden Reaktionen mit Aschebestandteilen eine noch stärkere Schädigungswirkung entfalten, was unter anderem an dem komplexen Zusammenspiel unterschiedlicher thermischer Dehnungen liegt. Kommt es entsprechend Abbildung 5-8 zur Rissbildung, können durch fortschreitende Temperaturwechsel die Risse aufgedehnt werden, wodurch weitere Ascheschebestandteile oder „freie" NZP-Partikel in den Riss eindringen können. Bei Aschebestandteilen führt dies hauptsächlich durch ablaufende chemische Reaktionen zur Umwandlung des Cordierits und somit zur fortschreitenden Schädigung. Bei den eingedrungenen NZP-Partikeln hingegen kommt es zu einer physikalisch bedingten Schädigung, wenn sich beispielsweise bei Temperaturerhöhung die NZP-Partikel ($\alpha = -1{,}58 * 10^{-6}\,K^{-1}$) zusammenziehen, somit tiefer in Risse rutschen und sich beim anschließenden Abkühlen ausdehnen und die Risse förmlich sprengen.

Sind die Partikel nicht lose in den Poren verteilt, sondern als zusammenhängende dünne Schicht angeordnet, können sie die positive Wirkung der eigentlichen Schutzschicht in Form einer zusätzlichen Getterschicht unterstützen. Dies ist vermutlich bei der Beschichtungsvariante NZP 1:4 in Verbindung mit den 3x3 Zellern der Fall. Die damit erzielbare geringe ascheverursachte Schädigung lässt sich auf eine Kombination aus komplett ausgebildeter Innenporenbeschichtung und zusätzlicher Getterwirkung von homogen über der Substratoberfläche aufgebrachter Partikel zurückführen. Diese zusätzliche Schicht ist bei genauer Betrachtung von Abbildung 4-37 (unteres, linkes Teilbild) entlang der Wabenkanäle erkennbar. Zusammen mit den in Abbildung 4-38 ersichtlichen freien Partikeln im Abtropfbereich der Wabenkörper erscheint diese Getterschicht für die mit 3,04 % im Vergleich zu den Plättchen erhöhte Massenzunahme verantwortlich zu sein. Prinzipiell könnte auch eine dickere Schutzschicht eine höhere Massenzunahme verursachen. Vergleicht man aber die REM-Aufnahmen beschichteter Plättchen mit beschichteten 3x3 Zellern, erscheint die ausgebildete Schicht in ihrer Dicke und Morphologie praktisch identisch, was auch für die erfolgreiche Übertragung des Beschichtungsprozesses auf die geometrisch komplexen Wabenkörper bei entsprechender Parameteranpassung spricht. Ein weiteres Argument für die gleichartigen Innenporenbeschichtungen von Wabenkörpern und Plättchen liegt in ihrer Schutzwirkung: Beschichtete Plättchen weisen eine um ca. 50 % höhere Festigkeit auf, als ungeschützte Plättchen (vgl. Variante NZP 1:4, Plättchen, Abbildung 5-9). Übereinstimmend hierzu liegt die Bruchlast beschichteter Wabenkörper mit ca. 44 % in ähnlichem Maße oberhalb unbeschichteter 3x3 Zeller (vgl. Variante NZP 1:4, 3x3-Zeller, Abbildung 5-9), wie dies schon bei den Plättchen zu beobachten war.

6 Zusammenfassung

Aufgrund der negativen Auswirkungen, die von dieselmotorisch emittierten Partikeln ausgehen, wird zunehmend eine Begrenzung des Partikelausstoßes gefordert, was sich in verschärften Gesetzesvorschriften manifestiert. Eine praktikable Möglichkeit dieses Problem zu entschärfen stellt der Einsatz von Partikelabscheidesystemen, wie Wall-Flow-Filter dar. Als Material bietet sich der Einsatz von Cordierit $Mg_2Al_4Si_5O_{18}$ an, welcher sich aufgrund des niedrigen thermischen Ausdehnungskoeffizienten, den relativ guten mechanischen Eigenschaften bei erhöhten Temperaturen und insbesondere wegen der damit verbundenen Thermoschockbeständigkeit als Filtermaterial eignet. Diese technischen Vorteile sind mit günstigen Herstellungskosten aufgrund billiger natürlicher Rohstoffe sowie einfacher Prozesse gekoppelt.

Beim Einsatz von Cordierit als Material für Partikelfilter ist jedoch seine Anfälligkeit gegenüber einer korrosiven Schädigung durch Aschen, die während des Filterbetriebs akkumuliert werden, zu beachten. Diese Aschen entfalten ihr Schädigungspotential insbesondere bei Temperaturen oberhalb 1000 °C, die unter ungünstigen Regenerationsbedingungen, bei denen lokal Temperaturspitzen bis zu 1200 °C auftreten können, sogar überschritten werden. Dabei können Aschebestandteile durch Schmelzbildung die Poren des Cordierits füllen, wodurch beim Durchschreiten größerer Temperaturbereiche aufgrund inkompatibler thermischer Ausdehnungskoeffizienten Spannungen entstehen, die den Filter schädigen. Zusätzlich können die vielfältigen Aschebestandteile direkt mit Cordierit reagieren, wodurch neue, zum Basismaterial inkompatible Phasen entstehen.

Um diese negativen Auswirkungen zu minimieren, wurde im Rahmen dieser Arbeit ein geeignetes Schutzschichtmaterial identifiziert und ein Beschichtungsverfahren entwickelt, mit dem sich die inneren Porenkanäle des mikroporösen Cordierits beschichten lassen. Dadurch sollten sich die durch Aschebestandteile hervorgerufenen Schädigungen soweit verringern lassen, dass Festigkeit und

Thermoschockbeständigkeit des Filters über die gesamte Betriebsdauer nicht unzulässig reduziert werden.

Als geeignet wurden Schutzschichtmaterialien eingestuft, die entweder als Diffusionsbarriere wirken, oder durch ihre Getterwirkung die schädlichen Bestandteile vom Wabenkörper fernhalten. Anhand von Literaturangaben zu Wechselwirkungen mit kritischen Aschekomponenten und zu einsatzrelevanten Eigenschaften, wozu insbesondere die Wärmeausdehnungskoeffizienten und Grenztemperaturen gehören, die sich z.B. aus der Phasenstabilität ergeben können, wurde die Gruppe der Natrium-Zirkon-Phosphate als aussichtsreich eingestuft. Die Materialien mit dem höchsten Erfolgspotenzial wurden zur experimentellen Überprüfung und Bewertung ausgewählt. Aus Auslagerungsversuchen mit realitätsnaher Modellasche konnte das Schädigungsausmaß erfasst werden. Dabei erwies sich insbesondere $NaZr_2(PO_4)_3$ gegenüber der Modellasche als korrosionsresistent. Untersuchungen zu Wechselwirkungen mit Cordierit bestätigten einen möglichen Einsatz als Schutzschichtmaterial, da es im für Dieselpartikelfilter relevanten Temperaturbereich zwischen den beiden Materialien zu keinen Reaktionen kam, die einer Eignung widersprechen.

Die Herstellung des $NaZr_2(PO_4)_3$ erfolgte über einen Sol-Gel-Prozess. Daher lag es nahe, ein Beschichtungsverfahren zu etablieren, das sich in die Materialsynthese integrieren lässt, weshalb der Sol-Gel-Prozess entsprechend angepasst wurde. Um grundlegende Daten wie Schichthaftung, Schädigungseinfluss der Asche und Reaktivität zwischen Substrat und Schicht zu ermitteln, wurden Beschichtungsversuche an scheibenförmigen Cordieritsubstraten durchgeführt. Durch die Charakterisierung der beschichteten Plättchen konnten beschichtungsrelevante Parameter identifiziert werden. Diese Erkenntnisse dienten schließlich der Übertragung des Beschichtungsverfahrens auf geometrisch komplexere Wabenkörper, die im Rahmen der Bewertung der Beschichtungsqualität zyklisch thermisch ausgelagert wurden, um die Schutzwirkung der Schichten quantitativ zu bewerten. Es zeigte sich, dass der Beschichtungsprozess einen überragenden Einfluss auf die Schutzschichtwirksamkeit besitzt. Durch eine geeignete Prozessführung ist es gelungen, die Dicke der Schutzschicht auf wenige Nanometer zu beschränken, wodurch die Ausbildung einer stark haftenden, rissfreien Schicht ermöglicht wird. Als verantwortlich hierfür wurde die Ausbildung einer

Art „Brückenschicht" identifiziert, die über eine modifizierte Substratoberfläche die feste Anbindung des $NaZr_2(PO_4)_3$ an das Substrat ermöglicht.

Um die Wirksamkeit der Beschichtung und das Verhalten des Verbundes aus Cordierit und Beschichtungsstoff gegen Hochtemperaturkorrosion zu quantifizieren, wurden mechanische Kennwerte von beschichteten und unbeschichteten Proben ermittelt und miteinander verglichen. Zusätzlich wurden die Proben einer zyklischen thermischen Auslagerung unterzogen, wobei ein Teil der Proben mit einer definierten Menge Modellasche beaufschlagt war. Die Thermozyklierung erfolgte durch zehnmaliges Aufheizen und Abkühlen im Temperaturbereich zwischen 300 °C und 1200 °C. Die kurze Zyklenzeit von nur zwölf Minuten inklusive drei Minuten Haltezeit bei Maximaltemperatur sollte starke Temperaturgradienten und somit hohe Spannungen im Materialverbund provozieren. Anhand der Festigkeitsdegradation nach thermozyklischer Beanspruchung konnten die Auswirkungen des korrosiven Ascheangriffs auf das Filtermaterial bewertet werden. Es zeigte sich, dass der schädigende Einfluss der Ascheschmelze signifikant verringert werden kann. So liegen die Restfestigkeiten nach Thermozyklierung unter Aschekontakt von beschichteten plättchenförmigen Proben um bis zu 97 % über den Werten ungeschützter Cordieritsubstrate. Auch bei den geometrisch komplexeren Wabenkörpern führt die Schutzschicht zu einer höheren Restfestigkeit, die ungeschütztes Cordierit um ca. 44 % übertrifft. Die Schutzwirkung wird dabei auf zwei Mechanismen zurückgeführt: Einerseits wirkt die Schutzschicht als Barriere und verhindert somit den Kontakt zwischen Aschebestandteilen und Cordierit. Andererseits zeigte sich, dass die Ascheschmelze auf $NaZr_2(PO_4)_3$ eine geringere Mobilität besitzt, womit das Eindringen von Asche in den porösen Cordierit minimiert wird.

7 Literaturverzeichnis

[1]   N. N.: *Future Diesel – Abgasgesetzgebung Pkw, leichte Nfz und Lkw – Fortschreibung der Grenzwerte bei Dieselfahrzeugen.* Veröffentlichung des Umweltbundesamtes (www.uba.de), 2003.

[2]   N. N.: *Fahrzeugzulassungen, Bestand, Emissionen, Kraftstoffe.* 1. Januar 2009. Veröffentlichung des Kraftfahrtbundesamtes (www.kba.de), 2009.

[3]   N. N.: *Zulassungsstatistiken des Statistischen Amts der Europäischen Union.* Von der Internetseite des Statistischen Amtes der Europäischen Union. Daten aktualisiert vom 18.09.2009 http://epp.eurostat.ec.europa.eu/portal/page/portal/transport/data/database, Download am 20.10.2009.

[4]   Johnson, T. V.: *Diesel Emission Control in Review.* SAE-Paper 2007-01-0233:37 - 48, 2007.

[5]   Zikoridse, G., Sandig, R. und Hoffmann U.: *Regenerationsmethoden für Dieselpartikelfiltersysteme.* In Mayer, A. (Hrsg.): Minimierung der Partikelemission von Verbrennungsmotoren, Haus der Technik Fachbuch, Seiten 176-149. Expert Verlag, Renningen, 2004.

[6]   Zikoridse, G., Velji, A. und Heidrich, E.: *Partikelfiltersystem für leichte Dieselfahrzeuge mit neuer Regenerationsstrategie.* SAE-Paper 2000-01-1924:230 - 241, 2000.

[7]   Liu, Z. und Woo, S. I.: *Recent Advances in Catalytic DeNO$_X$ Science and Technology.* Catal. Rev. Sci. Eng., 48, 43–89, 2006.

[8]   Mollenhauer K. und Tschöke H.: *Handbuch Dieselmotoren.* VDI-Buch. Seiten 461-536. Springer-Verlag, Berlin, Heidelberg, u.a., 3. Auflage, 2007.

[9]   Majewski, W. A.: *DieselNet Technology Guide - Selective Catalytic Reduction* (Revision 2005.05.d). www.dieselnet.com, 2005.

[10]   Majewski, W. A.: *DieselNet Technology Guide – NOx Adsorbers* (Revision 2007.10). www.dieselnet.com, 2007.

[11]   Rohr, F., Kattwinkel, T., Kreuzer, T., Müller, W. und Bailey, O. H.: *NOx Storage Catalyst Systems Designed to Comply with North American Emission Legislation for Diesel Passengers Cars.* SAE-Paper, 2006-01-1369:407 - 414, 2006.

[12]   Raatz, T., Grieshaber, H., Wintrich T., Durst, M., Keller, M. und Stein, J. O.: *Abgastechnik für Dieselmotoren.* Gelbe Reihe Fachwissen Kfz-Technik. Robert Bosch GmbH, Plochingen, 2004.

[13]   Scheepers, P. T. J. und Bos, R. P.: *Combustion of diesel fuel from a toxicological perspective. II Toxicity.* Int. Arch. Occup. Environ. Health, 64, 163-177, 1992.

[14]   Hagelüken, C.: *Autoabgaskatalysatoren: Grundlagen, Herstellung, Entwicklung, Recycling, Ökologie.* In: Kontakt und Studium Band 612, Expert Verlag, Renningen, 3. Auflage, 2009.

[15] Kittelson, D. B.: *Engines and nanoparticles: a review*, J. Aerosol Sci., 29 [5-6], 575-588, 1998.

[16] Liebing, A. und Müller, I.: *Feinstaub*. In: Magazin des Bundesumweltministeriums. Herausgeber: Bundesministerium für Umwelt, Naturschutz und Reaktorsicherheit (BMU) Referat Öffentlichkeitsarbeit, Weimardruck, Weimar, 2004.

[17] Mohr, M., Jäger, L. und Boulouchos K.: *Einfluss von Motorparametern auf die Partikelemission*. MTZ, 62 [9], 686-692, 2001.

[18] Konstandopoulos A. G. und Papaoiannou E.: *Update on The Science and Technology of Diesel Particulate Filter*. KONA Powder and Particle Journal 26, 36-65, 2008.

[19] Adler J.: *Ceramic Diesel Particulate Filters*. Int. J. of Applied Ceramic Techn., 2 [6], 429–439, 2005.

[20] Merker, G. P. und Stiesch, G.: *Technische Verbrennung. Motorische Verbrennung*. Stuttgart, Leipzig, Teubner Verlag, 1999.

[21] Khandekar, M. L., Murty, T. S. und Chittibabu, P.: *The Global Warming Debate: A Review of the State of Science*. Pure appl. geophys. 162, 1557–1586, 2005.

[22] Joos, F.: *Technische Verbrennung. Verbrennungstechnik, Verbrennungsmodellierung, Emissionen*. Springer Verlag, Berlin, Heidelberg, 2006.

[23] Warnatz, J., Maas, U. und Dibble, R. W.: *Verbrennung: physikalisch-chemische Grundlagen, Modellierung und Simulation, Experimente, Schadstoffentstehung*. Springer Verlag, Berlin, Heidelberg u. a., 3. Auflage, 2001.

[24] Bockhorn, H.: *Soot Formation in Combustion: mechanisms and models*. In: Springer series in chemical physics [59], Springer-Verlag, Berlin, Heidelberg u. a., 1994.

[25] Xi, J. und Zhong, B.-J.: *Review: Soot in Diesel Combustion Systems*. Chem. Eng. Technol., 29 [6] 665-673, 2006.

[26] Richter, H. und Howard, J. B.: *Formation of polycyclic aromatic hydrocarbons and their growth to soot - a review of chemical reaction pathways*. Prog. Energ. Combust. Sci., 26 [4-6], 565-608, 2000.

[27] Lemaire, R., Faccinetto, A., Therssen, E., Ziskind, M., Focsa, C. and Desgroux P.: *Experimental comparison of soot formation in turbulent flames of Diesel and surrogate Diesel fuels*. Proceedings of the Combustion Institute, 32, 737–744, 2009.

[28] Neeft, J. P. A., Makkee, M. und Moulijn, J. A.: *Diesel particulate emission control*. Fuel Process. Technol., 47 [1] 1-69, 1996.

[29] Smith, O. I.: *Fundamentals of soot formation in flames with application to diesel engine particulate emissions*. Prog. Energy. Combust. Sci., 7, 275-291, 1981.

[30] S. J. Harris und M. M. Maricq.: *Signature size distributions for diesel and gasoline engine exhaust particulate matter*. J. Aerosol Science, 32 [6], 749-764, 2001.

[31] Smith, G.W.: *Kinetic aspects of diesel soot coagulation*. SAE Paper No. 820466, 1982.

[32] Jääskelainen, H. und Majewski, W. A.: *DieselNet Technology Guide - Diesel Engine Lubricants* (Revision 2009.5), www.dieselnet.com, 2009.

[33] Kimura, K., Lynskey, M., Corrigan, E.R., Hickman, D. L., Wang, J., Fang, H. L. und Chatterjee, S.: *Real World Study of Diesel Particulate Filter Ash Accumulation in Heavy-Duty Diesel Trucks*. SAE Paper, 2006-01-3257, 1-31, 2006.

[34] Bodek, K. M. und Wong, V. V.: *The Effects of Sulfated Ash, Phosphorous and Sulfur on Diesel Aftertreatment Systems – A Review*. SAE Paper 2007-01-1922, 2017-2035, 2007.

[35] Sharmaa, M., Agarwalb, A. K. und Bharathia, K.V.L.: *Characterization of exhaust particulates from diesel engine*. Atmospheric Environment, 39, 3023–3028, 2005.

[36] Spencera, M. T., Shieldsa, L. G., Sodemana, D. A., Tonera, S. M. und Prather, K. A.: *Comparison of oil and fuel particle chemical signatures with particle emissions from heavy and light duty vehicles*. Atmos. Environ., 40, 5224–5235, 2006.

[37] Scardi, P., Sartori, N., Giachello, A., Demaestri, P. P. und Branda, F.: *Thermal stability of cordierite catalyst supports contaminated by Fe_2O_3, ZnO and V_2O_5*. J. Erop. Ceram. Soc., 13 [3], 275-282, 1994.

[38] Granados, M. L., Galisteo, F. C., Mariscal, R., Alifanti, M., Gurbani, A., Fierroa, J. L. G. und Fernández-Ruíz, R.: *Modification of a three-way catalyst washcoat by aging: A study along the longitudinal axis*. Appl. Surf. Sci., 252 [249], 8442-8450, 2006.

[39] Scardi, P., Sartori, N., Giachello, A., Demaestri, P. P. und Branda, F.: *Influence of calcium oxide and sodium oxide on the microstructure of cordierite catalyst supports*. Ceram. Int., 19 [2], 105-111, 1993.

[40] Christou, S. Y., Birgersson, H. und Efstathiou, A. M.: *Reactivation of severely aged commercial three-way catalysts by washing with weak EDTA and oxalic acid solutions*. Appl. Catal., B, 71 [3-4], 158-198, 2007.

[41] N. N.: *Feinstaubbelastung in Deutschland*. Umweltbundesamt, Stand Mai 2009. http://www.umweltdaten.de/publikationen/fpdf-l/3565.pdf

[42] Diederichsen, L.: *Feinstaub: Rechtsgrundlagen zum Schutz von Leben und Gesundheit*. Hrsg.: DIN Deutsches Institut für Normung e. V., Berlin ; Wien ; Zürich : Beuth, 2005.

[43] Baum, A.: *PMx-Belastungen an BAB*. In: Berichte der Bundesanstalt für Straßenwesen, Verkehrstechnik, 137, Wirtschaftsverl. N. W., Verl. für Neue Wiss., 2006.

[44] Mészáros, E.: *Fundamentals of atmospheric aerosol chemistry*. Akademiai Kiado, Budapest, 1999.

[45] Spiro, T.G. und Stigliani, W.M.: *Chemistry of the Environment*. Prentice-Hall: Upper Saddle River, 1996.

[46] McClellan R. O.: *Health effects of exposure to diesel exhaust particles*. Annu. Rev. Pharmacol. Toxicol., 27, 279-300, 1987.

[47] Schins, R. P.: *Mechanisms of genotoxicity of particles and fibers*. Inhal. Toxicol., 14, 57-78, 2002.

[48] Petrović, V. S.: *Particulate Matters from Diesel Engine Exhaust Emission*. Thermal Science, 12 [2], 183-198, 2008.

[49] Valavanidis, A., Fiotakis, K. und Vlachogianni, T.: *Airborne Particulate Matter and Human Health: Toxicological Assessment and Importance of Size and Composition of*

Particles for Oxidative Damage and Carcinogenic Mechanisms. J. Environ. Sci. Health., Part C Environ. Carcinog. Ecotoxicol. Rev., 26, 339–362, 2008.

[50] Schwarze, P. E., Øvrevik, J., Låg, M., Refsnes, M., Nafstad, P., Hetland R. B., und Dybing, E.: *Particulate matter properties and health effects: consistency of epidemiological and toxicological studies*. Human & Experimental Toxicology, 25, 559 – 579, 2006.

[51] Schlesinger, R. B., Kunzli, N., Hidy, G. M., Gotschi, T. und Jerrett, M.: *The health relevance of ambient particulate matter characteristics: Coherence of toxicological and epidemiological inferences*. Inhalation Toxicol., 18 [2], 95-125, 2006.

[52] N. N.: Health Effects Institute: *Diesel emissions and lung cancer: epidemiology and quantitative risk assessment*. A Special Report of the Institute's Diesel Epidemiology Expert Panel, Flagship Press, North Andover, 1999.

[53] Walker, A. P.: *Controlling particulate emissions from diesel vehicles*. Top. Catal., 28 [1–4], 165-170, 2004.

[54] N.N.: *Verordnung (EG) Nr. 715/2007 des Europäischen Parlaments und des Rates*. In: Amtsblatt der Europäischen Union, L171/1 – L171/16 vom 29.06.2007.

[55] Bloom, R. L., Brunner, N. R., Schroeer, S. C.: *Fiber Wound Diesel Particulate Filter Durability Experience with Metal Based Additives*. SAE paper 970180, 1997.

[56] Lüders, H., Stommel, P., Backe, R.: *Applications for the Regeneration of Diesel Particulate Traps by Combining Different Regeneration Systems*. SAE paper 970470, 1997.

[57] Mayer, A.: *Anforderungen an Partikelfiltersysteme für Dieselmotoren*. In: Mayer, A.: Minimierung der Partikelemissionen von Verbrennungsmotoren. Haus-der-Technik-Fachbuch, Expert Verlag, Renningen, 2004.

[58] Cutler, W. A. und Merkel, G. A.: *A New High Temperature Ceramic Material for Diesel Particulate Filter Applications*. SAE Paper 2000-01-2844, 79-87, 2000.

[59] Ganapathi-subbu, S. und Collings, N.: *Techniques for measuring wall flow along the channels of a diesel particulate filter*. Meas. Sci. Technol., 14, 1783–1793, 2003.

[60] N. N.: *DieselNet Technology Guide - Wall-Flow Monoliths*. Revision 2005.09a, www.dieselnet.com, 2005.

[61] Ebener, S., Murtagh, M. J. und Zink, U.: *Keramische Diesel-Partikelfilter: Material - Design - Funktion*. In: Mayer, A.: Minimierung der Partikelemissionen von Verbrennungsmotoren. Haus-der-Technik-Fachbuch, Expert Verlag, Renningen, 2004.

[62] Ciambelli, P., Palma, V., Russo, P. und Vaccaro, S.: *Deep filtration and catalytic oxidation: an effective way for soot removal*. Catal. Today, 73 [3-4] 636-370, 2002.

[63] Opris, C. N. und Johnson, J. H.: *A 2-D Computational Model Describing the Flow and Filtration Characteristics of a Ceramic Diesel Particulate Trap*. SAE Paper 980545, 1998.

[64] Terres, F., Michelin, J. und Weltens, H.: *Entwicklung - Emissionen - Partikelfilter für Diesel-Pkw - Beladungs- und Regenerationsverhalten*. MTZ - Motortechnische Zeitschrift, 63 [7-8] 568-577, 2002.

[65] Ciambelli, P., Corbo, P., Palma, V., Russo, P., Vaccaro, S. und Vaglieco, B.: *Study of catalytic filters for soot particulate removal from exhaust gases.* Top. Catal., 16/17 [1–4], 279-284, 2001.

[66] N. N.: *DieselNet Technology Guide - Diesel Filter Systems.* Revision 2005.06c. www.dieselnet.com, 2005.

[67] Mayer, A., Matter, U., Scheidegger, G., Czerwinski, J., Wyser, M., Kieser, D. und Weidhofer, J.: *Particulate Traps for Retro-fitting Construction Site Engines.* VERT: Final Measurements and Implementation. SAE paper 1999-01-0116, 1999.

[68] Stamatelos, A. M.: *A review of the effect of particulate traps on the efficiency of vehicle diesel engines.* Energy Convers. Manage., 38 [1], 83-99, 1997.

[69] Herrmann, H.-O., Lang, O. Mikulic, I. und Scholz, V.: *Entwicklung - Partikelfilter: Partikelfiltersysteme für Diesel-Pkw.* MTZ - Motortechnische Zeitschrift, 62 [9], 652-661, 2001.

[70] Konstandopoulos, A. G. und Johnson, J. H.: *Wall-Flow Diesel Particulate Filters. Their Pressure Drop and Collection Efficiency.* SAE Paper 890405, 1989.

[71] Mayer, A.: Anforderungen an Filtermedien und technischer Stand. In: Mayer, A.: *Minimierung der Partikelemissionen von Verbrennungsmotoren.* Haus-der-Technik-Fachbuch, Expert Verlag, Renningen, 2004.

[72] Becker, C., Reinsch, B., Strobel, M., Frisse, H.-P. und Fritsch, A.: *Dieselpartikelfilter aus Cordierit - Aufbau und Regenerationsmanagement.* MTZ - Motortechnische Zeitschrift, 69 [6] 494-501, 2008.

[73] Mizutani, T., Watanabe, Y., Yuuki, K., Hashimoto, S., Hamanaka, T. und Kawashima, J.: *Soot Regeneration Model for SiC-DPF System Design.* SAE Paper 2004-01-0159, 2004.

[74] N. N.: *DieselNet Technology Guide - Diesel Filter Regeneration.* Revision 2005.06a. www.dieselnet.com, 2005.

[75] Engler, B. Koberstein, E. und Völker, H.: *Catalytically activated Particulate traps: New development and applications.* SAE Paper 8600081, 1986.

[76] Pattas, K., Samaras, Z., Sherwood, D., Umehara, K., Cantiani, C., Chariol, O. A., Barthe, Ph. und Lemaire, J.: *Cordierite filter durability with cerium fuel additive: 100.000 km of Revenue Service in Athens.* SAE Paper 920363, 289-301, 1992.

[77] Montierth, M. R.: *Fuel additive effect upon diesel particulate filters.* SAE Paper 840072. SAE Trans., 93, 1408-1421, 1984.

[78] Lepperhoff, G., Hüthwohl, G. und Lin, Q.: *Mechanismen zur Regeneration von Dieselpartikelfiltern durch Kraftstoffadditive.* MTZ - Motortechnische Zeitschrift, 56 [1], 28-32, 1995.

[79] Daly, D. T., McKinnon, D. L., Martin, J. R. und Pavlich, D. A.: *A Diesel Particulate Regeneration System Using a Copper Fuel Additive.* SAE Paper 930131, 1993.

[80] Behnk, K., Frambourg, M., Heimlich, F., Maass, J. und Rölle, T.: *ENTWICKLUNG - Abgasnachbehandlung: Externe Nacheinspritzung zur Regeneration von Dieselpartikelfiltern.* MTZ - Motortechnische Zeitschrift, 65 [5], 354-361, 2004.

[81]   J. Kashnitz. *Ein Regenerationsverfahren für Dieselrußfilter bei niedrigen Anström-temperaturen.* Dissertation, Technische Universität Braunschweig, 1989.

[82]   Schumacher, U., Maier, H. R., Best, W. und Schäfer, W.: *Elektrisch regenerierbare Dieselrußfilter - Charakterisierung und konstruktive Auslegung.* In: Effizienzsteige-rung durch innovative Werkstofftechnik. VDI Bericht 1151, 667-674, Düsseldorf, 1995.

[83]   Ma, J., Fang, M., Li, P., Zhu, B., Lu, X. und Lau, N. T.: *Microwave-assisted catalytic combustion of diesel soot.* Appl. Catal., A, 159 [1-2], 211-228, 1997.

[84]   An, H., Kilroy, C. und McGinn, P. J.: *An examination of microwave heating to en-hance diesel soot combustion.* Thermochim. Acta, 435 [1], 57-63, 2005.

[85]   Strack, J. M.: *Regeneration von Dieselpartikelfiltern durch Mikrowellen.* Dissertation. TU Bergakademie Freiberg, 2008.

[86]   Higuchi, N. Mochida, S. und Kojima M.: *Optimized regeneration conditions of cera-mic honeycomb diesel particulate filters.* SAE Paper 830078, 1983.

[87]   Gulati, S. T. und Sherwood, D. L.: *Dynamic fatigue data for cordierite ceramic wall-flow diesel filters.* SAE Trans., 100 [5], 56-68, 1991.

[88]   Kuki, T., Miyairi, Y, Kasai, Y., Miyazaki, M. und Miwa, S.: *Study on reliability of wall-flow type diesel particulate filter.* SAE Paper 2004-01-0959, 1-16, 2004.

[89]   Sachdev, R., Wong, V. W. und Shahed, S. M.: *Effect of ash accumulation on the per-formance of diesel exhaust particulate traps.* SAE Paper 830182, 1983.

[90]   von Watzdorf, H. V.: *Korrosionsbeständigkeit offenporiger Cordierit-Wabenkörper in natriumadditivierten dieselmotorischen Abgasen.* Dissertation, RWTH Aachen, 1996.

[91]   Williams, J. L.: *Monolith structures, materials, properties and uses.* Catal. Today, 69 [1-4], 3–9, 2001.

[92]   Merkel, G. A., Cutler, W. A. und Warren, C. J.: *Thermal Durability of Wall-Flow Ce-ramic Diesel Particulate Filters*, SAE paper 2001-01-0190, 2001.

[93]   Schaefer-Sindlinger, A., Lappas, I., Vogt, C. D., Ito, T., Kurachi, H., Makino, M. und Takahashi, A.: *Efficient material design for diesel particulate filters.* Top. Catal., 42-43 [1-4], 307-317, 2007.

[94]   A. Roosen und F. Aldinger: *Keramik als Substrat- und Gehäusewerkstoff.* In: Werkstoffe der Mikrotechnik, VDI-Berichte Nr. 796, 15-33, 1989.

[95]   D. R. Bridge, Holland, D. und McMillan, P. W.: *Development of the alpha-cordierite phase in glass ceramics for use in electronic devices.* Glass Technol., 26 [6], 286-292, 1985.

[96]   Meille, V.; *Review on methods to deposit catalysts on structured surfaces.* Appl. Catal., A, 315, 1-17, 2006.

[97]   Heck, R. M., Gulati, S. und Farrauto, R. J.: *The application of monoliths for gas phase catalytic reactions.* Chem. Eng. J., 82 [1-3], 149-156, 2001.

[98]   Kollenberg, W.: *Technische Keramik: Grundlagen, Werkstoffe und Verfahrenstechnik.* Vulkan Verlag, Essen, 2004.

[99] Schreyer, W.: *Synthetische und natürliche Cordierite I: Mischkristallbildung synthetischer Cordierite und ihre Gleichgewichtsbeziehungen.* Neues Jahrb. Mineral. Abh., 102, 39–67, 1964.

[100] Rasch, H.: Cordierit: *Über Ungleichgewichte zum Gleichgewicht.* Keram. Z., 40 [2], 81-87, 1988.

[101] Osborn, E. F. und Muan, A.: revised and redrawn *"Phase Equilibrium Diagrams of Oxide Systems,"* Plate 3, durch die American Ceramic Society und the Edward Orton, Jr., Ceramic Foundation, 1960. Nach Osborn, E. F. und Muan, A., Pennsylvania State University, State College, Pennsylvania; private communication, 1960.

[102] Okrusch, M. und Matthes, S.: *Mineralogie. Eine Einführung in die spezielle Mineralogie*, Petrologie und Lagerstättenkunde. Springer Verlag, Berlin, Heidelberg u. a., 7. Auflage, 2005.

[103] Strunz, H., Tennyson, C. und Uebel, P.-J.: *Cordierite: Morphology, physical properties, structure, inclusions and oriantated intergrowth.* Min. Sci. Eng., 3-18, 1971.

[104] Ikawa, H., Otagiri, T., Imai, O., Suzuki, M., Urabe, K. und Udagawa, S.: *Crystalstructures and mechanism of thermal-expansion of high cordierite and its solidsolutions.* J. Am. Ceram. Soc., 69 [6], 492-498, 1986.

[105] Winterstein, G. Mürbe, J. und Tupaika, F.: *Polymorphie von Cordierit in natürlichen Mineralien und in Cordieritwerkstoffen.* Keramische Zeitschrift - Beilage zu: Handbuch der Keramik, 55 [3] 160-165, 2003.

[106] Miyashiro, A.: *Cordierite-Indialit Relations.* Am. J. Sci., 255, 43-62, 1957.

[107] Cohen, J. P., Ross, F. K. und Gibbs, G. V.: *An x-ray and neutron diffraction study of hydrous low cordierite.* Am. Mineral., 62, 67-75, 1977.

[108] Meagher, E. P. und Gibbs, G. V.: *The polymorphism of cordierite: II. The crystal structure of indialite.* Can. Mineral., 15, 43-49, 1977.

[109] Singer, F.: *Industrielle Keramik, Band II: Massen, Glasuren, Farbkörper, Herstellungsverfahren.* Springer Verlag, Berlin, Heidelberg u.a., 1969.

[110] Martinez, A. G. T., Camerucci, M.A., Urretavizcaya, G. und Cavalieri, A. L.: *Behaviour of cordierite materials under mechanical and thermal biaxial stress.* Brit. Ceram. Trans., 101 [3], 94-99, 2002.

[111] Das, R. N., Madhusoodana, C. D., Panda, P. K. und Okada, K.: *Evaluation of thermal shock resistance of cordierite honeycombs.* Bull. Mater. Sci., 25 [2], 127-132, 2002.

[112] Predecki, P., Haas, J., Faber, J. und Hittermann, R. L.: *Structural aspects of the lattice thermal expansion of hexagonal cordierite.* J. Am. Ceram. Soc., 70 [3], 175-182, 1987.

[113] Hochella Jr., M. F. und Brown Jr., G. E.: *Structural Mechanisms of Anomalous Thermal Expansion of Cordierite-Beryl and Other Framework Silicates.* J. Am. Ceram. Soc., 69 [1], 13-18, 1986.

[114] Bubeck, C.: *Direction dependent mechanical properties of extruded cordierite honeycombs.* J. Eur. Ceram. Soc., 29 [15], 3113-3119, 2009.

[115] Sorell, C. A.: *Reaction Sequence and Structural Changes in Cordierite Refractories.* J. Am. Ceram. Soc. 43 [7], 337-343, 1960.

[116] Rasch, H.: *Einige Einflüsse durch temporäre Schmelzphasen, Brennbedingungen und Rohstoffbasis = Some effects of temporary liquid phases, firing conditions and raw materials.* CFI. Ceramic forum international, 68 [7-8], 338-345, 1991.

[117] Rasch, H.: *Inertphasen-Effekte. II: Bei Porzellan, Steatit, Cordierit = Inert phase effects. II : In porcelain, steatite, and cordierite.* CFI. Ceramic forum international, 72 [4], 186-190, 1995.

[118] Lachman, I. M., Bagley, M. und Lewis, R. M.: *Thermal-Expansion of extruded cordierite ceramics.* Am. Ceram. Soc. Bull., 60 [2], 202-205, 1981.

[119] Goren, R., Gocmez, H. und Ozgur, C.: *Synthesis of cordierite powder from talc, diatomite and alumina.* Ceram. Int., 32 [4], 407–409, 2006.

[120] Eftekhari-Yekta, B., Ebadzadeh, T. und Ameri-Mahabad, N.: *Preparation of porous cordierite bodies for use in catalytic converters.* Adv. In Appl. Ceram., 106 [5], 276-280, 2007.

[121] Gonzalez-Velasco, J. R., Ferret, R., Lopez-Fonseca, R. und Gutierrez-Ortiz, M. A.: *Influence of particle size distribution of precursor oxides on the synthesis of cordierite by solid-state reaction.* Powder Technol., 153 [1], 34-42, 2005.

[122] Montanaro, L., Pagliolico, S. und Negro, A.: *Durability of cordierite honeycomb structure for automotive emissions control.* Thermochim. Acta, 227, 27-33, 1993.

[123] Ghitulica, C., Andronescu, A., Nicola, O., Dicea, A. und Birsan, M.: *Preparation and characterization of cordierite powders.* J. Eur. Ceram. Soc., 27 [2-3], 711-713, 2007.

[124] Brooks, S. und Morrell R.: *Dependence of fracture strength on exposure of modified cordierites in an oil-fired environment.* In: Environmental Degradation of High Temperature Materials, Institute of Metallurgists, London, Vol. 2, 3/21-3/25, 1980.

[125] Fox, D. S, Jacobson, N. S. und Smialek, J. L.: *Hot corrosion of ceramic engine materials.* SAE Publikation P-219, 339-349, 1989.

[126] Bianco, R. und Jacobson, N.: *Corrosion of cordierite ceramics by sodium sulphate at 1000°C.* J. Mater. Sci., 24 [8], 2903-2910, 1989.

[127] Montanaro, L. und Bachiorrini, A.: *Influence of some pollutants on the durability of cordierite filters for diesel cars.* Ceram. Int., 20 [3], 169-174, 1994.

[128] Montanaro, L. Bachiorrini, A. und Negro, A.: *Deterioration of cordierite honeycomb structure for diesel emissions control.* J. Eur. Ceram. Soc., 13 [2], 129-134, 1994.

[129] Negro, A. Montanaro, L., Demaestri, P. P., Giachello, A. und Bachiorrini, A.: *Interaction between some oxides and cordierite.* J. Eur. Ceram. Soc., 12 [6], 493-498, 1993.

[130] Montanaro, L.: *Durability of ceramic filters in the presence of some diesel soot oxidation additives.* Ceram. Int., 25 [5], 437-445, 1999.

[131] Pourroy, G. Guille, J. L. und Poix, P.: *Reactivity of metal oxides copper(I) oxide, manganese(II) oxide, cobalt(II) oxide, nickel(II) oxide, copper(II) oxide and zinc oxide with indialite.* Chem. Mater., 2 [2], 101–105, 1990.

[132] Pourroy, G. und Angelov, S.: *ESR study of CuO-doped cordierite.* J. Mater. Sci., 27 [24], 6730-6734, 1992.

[133] Takahashi, J., Kawai, Y. und Shimada, S.: *Hot corrosion of cordierite ceramics by Na- and K-salts.* J. Eur. Ceram. Soc, 18 [8], 1121-1129, 1998.

[134] Montorsi, M. A., Delorenzo, R. und Verné, E.: *Cordierite-Cerium (IV) oxide system: Microstructure and properties.* Ceram. Int., 20 [6], 353-358, 1994.

[135] Maier, N.: *Schädigung von Dieselpartikelfiltern aus Cordierit durch Aschen: Mechanismen und Schutzmaßnahmen.* Dissertation, Universität Tübingen, 2009.

[136] Pyzik, A. J. und Li, C. G.: *New Design of a Ceramic Filter for Diesel Emission Control Applications.* Int. J. Appl. Ceram. Technol., 2 [6], 440-451, 2005.

[137] Wallin, S. A., Moyer, J.R., Prunier, A. R.: *Mullite bodies and methods of forming mullite bodies,* US Patent Application #09/943,553, Dow Chemical, 2002.

[138] Nakajima, F. und Hamada, I.: *The state-of-the-art technology of NO_x control.* Catal. Today, 29 [1-4], 109-115, 1996.

[139] Hums, E. und Spitznagel, G. W.: *Deactivation behaviour of selective catalytic reduction $DeNO_x$ catalysts.* In: Ozkan, N. S. Agarwal, S. K. und Marcelin, G. (Editoren): ACS Symposium Series, 587, 42-55, American Chemical Society, 1995.

[140] Oi-Uchisawa, J., Obuchi, A., Wang, S., Nanba, T. und Ohia, A.: *Catalytic performance of Pt/MO_x loaded over SiC-DPF for soot oxidation.* Appl. Catal., B, 43 [2], 117-129, 2003.

[141] Kreuzer, T. Lox, E. Spurk, P., Demel, Y., Schaefer-Sindlinger, A. und van den Tillaart, H.: *Redox catalyst for the selective catalytic reduction of nitrogen oxides in the exhaust gases of diesel engines with ammoniac and preparation process thereof De-NO_x TiO_2 monolith.* Europäisches Patent, 1,264,628, 2002.

[142] Majewski, W. A · *DieselNet Technology Guide – SCR Systems for Mobile Engines* (Revision 2005.05), www.dieselnet.com, 2005.

[143] Avila, P., Montes, M. und Miró, E. E.: *Monolithic reactors for environmental applications: A review on preparation technologies.* Chem. Eng. J., 109 [1-3], 11-36, 2005.

[144] Shukla, S. P., Madhusoodana, C. D. und Das, R. N.: *Honeycomb Supports, Filters and Catalysts for Cleaner Environment.* Key Eng. Mat., 317-318, 759-764, 2006.

[145] Hu, S., Herner, J. D., Shafer, M., Robertson, W., Schauer, J. J., Dwyer, H., Collins, J., Huai, T. und Ayal, A.: *Metals emitted from heavy-duty diesel vehicles equipped with advanced PM and NO_x emission controls.* Atmos. Environ., 43 [18], 2950-2959, 2009.

[146] Takahashi, J., Kawai, Y. und Shimada, S.: *Hot corrosion of cordierite/mullite composites by Na-salts.* J. Eur. Ceram. Soc., 22 [12], 1959-1969, 2002.

[147] Dario, M. T. und Bachiorrini, A.: *Interaction of mullite with some polluting oxides in diesel vehicle filters.* Ceram. Int., 25 [6], 511-516, 1999.

[148] Schneider, H. und Eberhard, E.: *Thermal Expansion of Mullite.* J. Am. Ceram. Soc., 73 [7], 2073-2076, 1990.

[149] Rao, K. V. K,, Naidu, S. V. N. und Iyengar, L.: *Thermal Expansion of Rutil and Anatase.* J. Am. Ceram. Soc., 53 [3], 124-126, 1970.

[150] Pfeifer, M., Staab, R. Hoffmann, M., Glashoff, J., Hackbarth, U., Lox, E. und Kreuzer, T.: *Katalysator sowie Filter und Verfahren zur Beseitigung von Russpartikeln aus dem Abgas eines Dieselmotors.* Europäisches Patent, EP1250952A1, 2001.

[151] Hagman, L.-O. und Kierkegaard, P.: *The crystal structure of $NaMe_2^{IV}(PO_4)_3$; Me^{IV} = Ge, Ti, Zr.* Acta Chem. Scand., 22 [6], 1822-1832, 1968.

[152] Orlova, A. I.: *Isomorphism in phosphates of the NaZr₂(PO₄)₃ structural type and radiochemical properties*. Radiochemistry, 44 [5], 423-445, 2002.

[153] Orlova, A. I. und Koryttseva, A. K.: *Phosphates of Pentavalent Elements: Structure and Properties*. Crystallogr. Rep., 49 [5], 724-732, 2004. Translated from Kristallografiya, 49 [5] 811-819, 2004.

[154] Pet'kov, V. I. und Orlova, A. I.: *Crystal-Chemical Approach to Predicting the Thermal Expansion of Compounds in the NZP Family*. Inorg. Mater., 39 [10], 1013-1023, 2003. Translated from Neorganicheskie Materialy, 39 [10], 1177-1188, 2003.

[155] Pet'kov, V. I., Asabina, E. A., Markin, A. V. und Smirnova, N. N.: *Synthesis, characterization and thermodynamic data of compounds with NZP structure*. J. Therm. Anal. Calorim., 91 [1], 155-161, 2008.

[156] Brownfield, M. E., Foord, E. E. und Botinelly, S. J. S. T.: *Kosnarite, KZr₂(PO₄)₃, a new mineral from Mount Mica and Black Mountain, Oxford County, Maine*. Am. Mineral., 78, 653-656, 1993.

[157] Bohnke, O. Ronchetti, S. und Mazza, D.: *Conductivity measurements on nasicon and nasicon-modified materials*. Solid State Ionics, 122 [1-4], 127-136, 1999.

[158] Alamo, J.: *Chemistry and properties of solids with the [NZP] skeleton*. Solid State Ionics, 63-65, 547-561, 1993.

[159] Miyajima, Y., Saito, Y., Matsuoka, M. und Yamamoto, Y.: *Ionic conductivity of NASICON-type Na₁₊ₓMₓZr₂₋ₓP₃O₁₂ (M: Yb, Er, Dy)*. Solid State Ionics, 84 [1-2], 61-64, 1996.

[160] Von Alpen, U. Bell, M. F. unf Höfer, H. H.: *Compositional dependence of the electrochemical and structural parameters in the Nasicon system (Na₁₊ₓSiₓZr₂P₃₋ₓO₁₂)*. Solid State Ionics, 3-4, 215-218, 1981.

[161] Warhus, U.: *Synthese und Stabilität des NASICON Mischkristallsystems (Na₁₊ₓ Zr₂ P₃₋ₓ O₁₂, 0 ≤ x ≤ 3)*. Dissertation, Universität Stuttgart, 1986.

[162] Knauth, P.: *Inorganic solid Li ion conductors: An overview*. Solid State Ionics, 180 [14-16], 911-916, 2009.

[163] Kanno, R. und Murayama, M.: *Lithium Ionic Conductor Thio-LISICON*. J. Electrochem. Soc., 148 [7], A742-A746, 2001.

[164] Kobayashi, T., Imade, Y., Shishihara, D., Homma, K., Nagao, M., Watanabe, R., Yokoi, T., Yamada, A., Kanno, R., Tatsumi, T.: *All solid-state battery with sulfur electrode and thio-LISICON electrolyte*. J. Power Sources, 182 [2], 621-625, 2008.

[165] Yaroslavtsev, A. B. und Stenina, I. A.: *Complex phosphates with the NASICON structure (MₓA₂(PO₄)₃*. Russ. J. Inorg. Chem., 51 [s1], 97-116, 2006.

[166] Scheetz, B. E., Agrawal, D. K., Breval, E. und Roy, R.: *Sodium zirconium phosphate (NZP) as a host structure for nuclear waste immobilization: A review*. Waste Management, 14 [6], 489-505, 1994.

[167] Berry, F. J. und Vithal, M.: *New compounds with NASICON related structures of the type NAM′M″P₃O₁₂ (M = Nb, Sb M″ = Al, Ga, In, Fe)*. Polyhedron, 14 [8], 1113-1415, 1995.

[168] Woodcock, D. A. und Lightfoot, P.: *Comparison of the structural behaviour of the low thermal expansion NZP phases MTi$_2$(PO$_4$)$_3$ (M~Li, Na, K)*. J. Mater. Chem., 9 [11], 2907-2911, 1999.

[169] Hong, H. Y.-P.: *Crystal structures and crystal chemistry in the system Na$_{1+x}$Zr$_2$Si$_x$P$_{3-x}$O$_{12}$*. Mat. Res. Bull., 11[2], 173-182, 1976.

[170] Abrahams, S. C. und Bernstein, J. L.: *Piezoelectric Langbeinite-type K2Cd2(SO4)3 – Roomtemperatur crystal-structure and ferroelastic transformation*. J. Chem. Phys., 67 [5], 2146-2150, 1977.

[171] Pet'kov, V. I., Orlova, A. I., Kazantsev, G. N., Samoilov, S. G. und Spiridonova, M. L.: *Thermal Expansion in the Zr and 1-, 2-valent Complex Phosphates of NaZr$_2$(PO$_4$)$_3$ (NZP) Structure*. J. Therm. Anal. Calorim., 66 [2], 623-632, 2001.

[172] Oota, T. und Yamai, I.: *Thermal Expansion Behavior of NaZr$_2$(PO$_4$)$_3$-Type Compounds*. J . Am. Ceram. Soc., 69 [1], 1-6, 1986.

[173] Orlova, A. I., Zyryanov, V. N. Kotelnikov, A. R., Demarin, V. T. und Rakitina, E. V.: *Ceramic phosphate matrices for high-level wastes - hydrothermal behavior*. Radiochemistry, 35 [6], 717-722, 1993.

[174] Orlova A. I., Zyryanov, V. N., Egorkova, O. V. und Demarin, V. T.: *Long-term hydrothermal tests of NZP-type crystalline phosphates*. Radiochemistry, 38 [1], 20-23, 1996.

[175] Lee, W. Y., Cooley, F. K. M., Berndt, C. C., Joslin, D. L. und Stinton, D. P.: *High-Temperature Chemical Stability of Plasma-Sprayed Ca$_{0,5}$Sr$_{0,5}$Zr$_4$P$_6$O$_{24}$ Coatings on Nicalon/SiC Ceramic Matrix Composite and Ni-Based Superalloy Substrates*. J. Am. Ceram. Soc., 79 [10], 2759-2762, 1996.

[176] Breval, E., Mckinstry, H. A. und Agrawal, D. K.: New [NZP] materials for protection coatings. Tailoring of thermal expansion. J. Mater. Sci., 35[13], 3359-3364, 2000.

[177] Zhang, X., Zhou, J. Wang, J. und Jiang, Y.: *Improvement of alkali corrosion resistance of mullite ceramics at high temperature by depositing Ca$_{0,3}$Mg$_{0,2}$Zr$_2$(PO$_4$)$_3$ coating*. J. Mater. Sci., 44 [11], 2938–2944, 2009.

[178] Hummel, F. A.: *A review of thermal expansion data of ceramic materials, especially ultra-low expansion compositions*. InterCeram, 27[30], 1984.

[179] Roy, R., Agrawal, D. K. und McKinstry, H. A.: *Very Low Thermal Expansion Coefficient Materials*. Annu. Rev. Mater. Sci., 19 [1], 59-81, 1989.

[180] Orlova, A. I., Kemenov, D. V., Pet'kov, V. I., Zharinova, M. V., Kazantsev, G. N. Samoïlov, S. G. Kurazhkovskaya, V. S.: *Ultralow and negative thermal expansion in zirconium phosphate ceramics*. High Temp. - High Pressures, 34 [3], 315-322, 2002.

[181] Breval, E. und Agrawal, D. K.: *Thermal expansion characteristics of [NZP], NaZr$_2$P$_3$O$_{12}$ -type materials: a review*. Br. Ceram. Trans., 94 [1], 27-32, 1995.

[182] Oikonomoua, P., Dedeloudis, C., Stournaras, C. J. und Ftikos, C.: *[NZP]: A new family of ceramics with low thermal expansion and tunable properties*. J. Eur. Ceram. Soc., 27[2-3], 1253-1258, 2007.

[183] Pet'kov, V. I. und Asabina, E. A.: *Thermophysical properties of NZP ceramics (A review)*. Glass Ceram., 61 [7/8], 233-239, 2004.

[184] Sugantha, M., Varadaraju, U. V. und Rao, G. V. S.: *Synthesis and characterization of NZP phases* $AM^{3+}M''^{4+}P_3O_{12}$. J. Solid State Chem., 111 [1], 33-40, 1994.

[185] Limaye, S. Y., Agrawal, D. K. und Roy, R.: *Synthesis, sintering and thermal expansion of* $Ca_{1-x}Sr_xZr_4P_6O_{12}$ *- an ultra-low thermal expansion ceramic system*. J. Mater. Sci., 26 [1], 93-98, 1991.

[186] Bothe, J. V. und Brown, P. W.: *Low Temperature Synthesis of Porous NZP Ceramics*. J. Am. Ceram. Soc., 91 [6], 2059–2063, 2008.

[187] Maschio, S., Bachiorrini, A., Lucchini, E. und Brückner, S.: *Synthesis, sintering and thermal expansion of porous low expansion ceramics*. J. Eur. Ceram. Soc., 24 [13], 3535-3540, 2004.

[188] Quonn D. H. H., Wheat, T.A. und Nesbitt W.: *Synthesis, characterization and fabrication of* $Na_{1+x}Zr_2Si_xP_{3-x}O_{12}$. Mater. Res. Bull., 15 [11], 1533-1539, 1980.

[189] Licoccia, S., Di Vona, M. L., Traversa, E. und Montanaro, L.: *NMR study of sol-Gel processed Nasicon*. J. Eur. Ceram. Soc., 19[6-7], 925-929, 1999.

[190] Bouquin, O., Perthuis, H. und Colomban Ph.: *Low-temperature sintering and optimal physical properties: a challenge - the NASICON ceramics case*. J. Mater. Sci. Lett., 4 [8], 956-959, 1985.

[191] Essehli, R., Bali, B. E., Benmokhtar, S., Fejfarová, K. und Dusek, M.: *Hydrothermal synthesis, structural and physico-chemical characterizations of two Nasicon phosphates:* $M_{0.50}{}^{II}Ti_2(PO_4)_3$ *(M = Mn, Co)*. Mat. Res. Bull., 44 [7], 1502–1510, 2009.

[192] Breval, E. und Agrawal, D. K.: *Synthesis of [NZP]-structure type materials by combustion reaction method*. J. Am. Ceram. Soc., 81 [7] , 1729-1735, 1998.

[193] Vaishyanathan B., Agrawal, D. K. und Roy, R.: *Microwave-assisted synthesis and sintering of NZP Compounds*. J. Am. Ceram. Soc., 87 [5], 834-839, 2004.

[194] Lee, J.-S., Chang, C.-M., Lee, Y. I., Lee, J.-H. und Hong, S. H.: *Spark Plasma Sintering (SPS) of NASICON Ceramics*. J. Am. Ceram. Soc., 87 [2], 305–307, 2004.

[195] Nijhuis, T. A., Beers, A. E. W., Vergunst, T., Hoek, I., Kapteijn, F. und Moulijn, J. A.: *Preparation of monolithic catalysts*. Catal. Rev. - Sci. Eng., 43 [4], 345-380, 2001.

[196] Lewis, J. A.; *Colloidal Processing of Ceramics*. J. Am. Ceram. Soc., 83 [10], 2341–59, 2000.

[197] Bergenholtz, J.: *Theory of rheology of colloidal dispersions*. Curr. Opin. Colloid Interface Sci., 6 [5-6], 484-488, 2001.

[198] Reinshagen, J. W.: *Korrelation zwischen Partikelwechselwirkungen und Grünkörpereigenschaften nassgeformeter Keramiken*. Dissertation, Universität Karlsruhe (TH), 2006.

[199] Horn, R. G.: *Particle interactions in suspensions*. In: Ceramic Processing, Chapter 3. Editors: Terpstra, R. A., Pex, P. P. A. C. und de Vries, A. H. Chapman & Hall, London, 1995.

[200] Napper, D. H.: *Polymeric stabilization of colloidal Dispersion*. Academic Press, London, 1983.

[201] Gouy, M.: *Sur la constitution de la charge électrique à la surface d'un electrolyte*. Journal de Physique Théorique et Appliquée, 9 [4], 457-468, 1910.

[202] Chapman, D. L.: *A contribution to the theory of electrocapillarity*. Philos. Mag., 6, 25 [148], 475-481, 1913.

[203] Schulle, W.: *Technische keramische Werkstoffe*. Loseblattsammlung Grundprinzipien der Formgebung. Jochen Kriegsmann, DKG, Grundwerk: 1989.

[204] Derjaguin, B. und Landau, L.: *A theory of the stability of strongly charged lyophobic sols and the coalescence of strongly charged particles in electrolyte solution*. Acta Phys. Chim. USSR 14, 633. Englische Übersetzung in: Haar, D. T.: Collected papers of L. D. Landau. Gorden and Breach, science publ. New York, 331-354, 1941.

[205] Verwey, E. J. W. und Overbeek, J. T. G.: *Theory of the stability of lyophobic colloids. The interaction of sol particles having an electrical double layer*. Elsevier Pub. Comp., Amsterdam, New York, 1948.

[206] Dörfler, H.-D.: *Grenzflächen und kolloid-disperse Systeme*: Physik und Chemie. Berlin, Heidelberg, New York, u. a.: Springer Verlag, 2002.

[207] Lagaly, G., Schulz, O. und Zimehl, R.: *Dispersionen und Emulsionen: eine Einführung in die Kolloidik feinverteilter Stoffe einschließlich der Tonminerale*. Steinkopf Verlag, Darmstadt, 1997.

[208] Stern, O.: *Zur Theorie der elektrischen Doppelschicht*. Z. Elektrochem. 30, 508-516, 1924.

[209] Heinrich, J. G.: *Einführung in die Grundlagen der keramischen Formgebung*. Vorlesungsskript des Institut für Nichtmetallische Werkstoffe an der TU Clausthal, http://video.tu-clausthal.de/vorlesung/201.html, 2009.

[210] Goldschmidt, A. und Streitberger, H.-J.: *BASF-Handbuch Lackiertechnik*. Hannover: Vincentz Verlag, 2002.

[211] Horn, R. G.: *Surface Forces and Their Action in Ceramic Materials*. J. Am. Ceram. Soc., 73 [5], 1117-1135, 1990.

[212] Hunter, R. J.: *Introduction to modern colloid science*. Oxford Univ. Press, Oxford, u.a., 1994.

[213] Graule, T. F., Baader, F. H. und Gauckler, L. J.: *Enzyme catalysis of ceramic forming*. J. Mat. Educ., 16, 243-267, 1994.

[214] Brinker, C. J. und Scherer, G. W.: *Sol-Gel Science: the physics and chemistry of sol-gel processing*. Academic Press, Boston u. a., 1990.

[215] Kursawe, M., Hilarius, V. und Pfaff, G.: *Beschichtungen über Sol-Gel Prozesse*. In: Moderne Beschichtungsverfahren (Fortbildungsveranstaltung der Deutschen Gesellschaft für Materialkunde in Kooperation mit dem Institut für Werkstoffkunde der Universität Hannover und dessen Geschäftsbereich Fortis in Witten). Editor: Bach, F.-W., Wiley-VCH, Weinheim, 1995.

[216] Brinker, C.J., Frye, G. C., Hurd, A. J. und Ashley, C. S.: *Fundamentals of Sol-Gel dip coating*. Thin Solid Films, 201 [1], 97-108, 1991.

[217] Landau, L. D. und Levich, B. G.: *Dragging of a liquid by a moving plate*. Acta Physicochima, U.R.S.S., 17, 42-54, 1942.

[218] Shaw, T. M.: *Drying as an immiscible displacement process with fluid counterflow*. Phys. Rev. Lett., 59 [15], 1671–74, 1987.

[219] Chiu, R. C. und Cima, M. J.: *Drying of granular ceramic films: I, Effects of process variables on cracking behavior.* J. Am. Ceram. Soc., 76 [9], 2257-64, 1993.

[220] Brinker, C. J., Hurd, A. J., Schunk, P. R., Prye, G. C. und Shley, C. S.: *Review of sol-gel thin film formation.* J. Non-Cryst. Solids, 147 & 148, 242-436, 1992.

[221] Smith, D. M., Scherer, G. W. und Anderson, J. M.: *Shrinkage during drying of silica gel.* J. Non-Cryst. Solids, 188, 191–206, 1995.

[222] Chiu, R. C. und Cima, M. J.: *Drying of granular ceramic films: II, Drying stress and saturation uniformity.* J. Am. Ceram. Soc., 76 [11], 2769–77, 1993.

[223] Cima, M. J., Lewis, J. A. und Devoe, A. D.: *Binder distribution in ceramic greenware during thermolysis.* J. Am. Ceram. Soc., 72 [7], 1192-99, 1989.

[224] Sakka, S. und Yoko, T.: *Sol-Gel-Derived Coating Films and Applications. In: Chemistry, spectroscopy and applications of sol-gel glasses.* Reihe: Structure and Bonding, 77. Herausgeber: Reisfeld, R. Springer-Verlag, Berlin, Heidelberg, u.a., 1992.

[225] Evans, A. G., Drory, M. D. und Hu, M. S.: *The cracking and decohesion of thin films.* J. Mater. Res., 3 [5], 1043-1049, 1988.

[226] Thouless, M. D.: *Decohesion of films with axisymmetric geometries.* Acta Metall., 36 [12], 3131-3135, 1988.

[227] Schmidt, H., Rinn, G., Naß, R. und Sporn, D.: *Film Preparation by inorganic-organic sol-gel synthesis.* In: Better ceramics through chemistry III. Editoren: Brinker, C. J., Clark, D. E. und Ulrich, D. R., Mater. Res. Soc. Symp. Proc., 121, Materials Research Society, Pittsburgh, 743, 1988.

[228] Takahashi, Y. und Wada, Y.: *Dip-coating of Sb-doped SnO_2 films by ethanolamine-alkoxide method.* J. Electrochem. Soc., 137 [1], 267-272, 1990.

[229] Schell, K. G., Bucharsky, E. C., Oberacker, R. und Hoffmann, M. J.: *Determination of subcritical crack growth parameters in polymer-derived SiOC ceramics by biaxial bending tests in water environment.* J. Am. Ceram. Soc., 93 [6], 1540-1543, 2010.

[230] Schell, K. G., Fett, T., Rizzi, G., Esfehanian, M., Oberacker, R. und Hoffmann, M. J.: *Stable and unstable fracture of thin brittle disks under a ball-on-3-balls loading.* Eng. Fract. Mech., 76 [16], 2486-2494, 2009.

[231] Börger, A., Supancic P. und Danzer, R.: *The ball on three balls test for strength testing of brittle disks: stress distribution in the disc.* J. Eur. Ceram. Soc., 22 [9-10], 1425, 2002.

[232] Börger, A., Supanic, P. und Danzer, R.: *The ball on three bals test for strength testing brittle discs: Part II: analysis of possible errors in the strength determination.* J. Eur. Ceram. Soc., 24 [10-11], 2917-2928, 2004.

[233] Fett, T., Rizzi, G., Esfehanian, M. und Oberacker, R.: *Simple Expressions for the evaluation of stresses in sphere-loaded under biaxial flexture.* J. Test. Eval., 36 [3], 285-290, 2008.

[234] Deutsches Institut für Normung: DIN EN 843-1. *Hochleistungskeramik – Monolithische Keramik – Mechanische Eigenschaften bei Raumtemperatur- Teil 1: Bestimmung der Biegefestigkeit.* Berlin, 2005.

[235] Bubeck, C.: *Entwicklung von Messverfahren zur mechanischen Charakterisierung poröser keramischer Körper*. Diplomarbeit, IMWF, Stuttgart, 2005.

[236] Deutsches Institut für Normung: DIN EN 843-5. *Hochleistungskeramik – Monolithische Keramik – Mechanische Eigenschaften bei Raumtemperatur- Teil 5: Statistische Auswertung*. Berlin, 2005.

[237] Munz, D. und Yang, Y. Y.: *Stress Singularities at the Interface in Bonded Dissimilar Materials Under Mechanical and Thermal Loading*. J. Appl. Mech., 59 [4], 857-862, 1992.

[238] Weiss, R.: *Eigenspannungen und Festigkeit von reibgeschweißten Keramik-Metall-Verbunden*. Dissertation. Universität Karlsruhe (TH), 1996.

[239] Michael, Z., Hu, Z., Hunt, R. D., Payzant, E. und Hubbard, C. R.: *Nanocrystallisation and phase transformation in monodispersed ultrafine zirconia particles from various homogeneus precipitation methods*. J. Am. Ceram. Soc., 82 [9], 2313-2320, 1999.

[240] López, J. J. C., Narváez, J. L. und Páez, J. E. R.: *Synthesis of ZrO_2 nanometric using controlled precipitation*. Rev. Fac. Ing. Univ. Antioquia., 47, 20-28, 2009.

[241] Bregiroux, D., Audubert, F. und Bernache-Assollant, D.: *Densification and grain growth during solid state sintering of $LaPO_4$*. Ceram. Int., 35 [3], 1115-1120, 2009.

[242] Maier, N., Nickel, K. G., Engel, C. und Mattern, A.: *Mechanisms and orientation dependence of the corrosion of single crystal Cordierite by model diesel particulate ashes*. J. Eur. Ceram. Soc., 30 [7], 1629-1640, 2010.

[243] Mazurin, O. V., Streltsina, M. V. und Shvaiko-Shvaikoskaya, T. P.: *Handbook of Glass Data – Part A: Silica Glass and Binary Silicate Glasses*. Band 15 der Reihe: Physical Sciences Data. Elsevier, Amsterdam, Oxford, u. a., 1983.

[244] Mazurin, O. V., Streltsina, M. V. und Shvaiko-Shvaikoskaya, T. P.: *Handbook of Glass Data – Part C: Ternary Silicate Glasses*. Band 15 der Reihe: Physical Sciences Data. Elsevier, Amsterdam, Oxford, u. a., 1987.

[245] Touloukian, Y. S., Kirby, R. K., Taylor, R. E. und Lee, T. Y. R.: *Thermal Expansion - Nonmetallic Solids*. Band 13 der Reihe: Thermophysical Properties of Matter. IFI/Plenum, New York, 1977.